那一定是
心理问题

科学识别身体和心理发出的求救信号

［德］亚历山大·库格施塔特 著

江剑琴 译

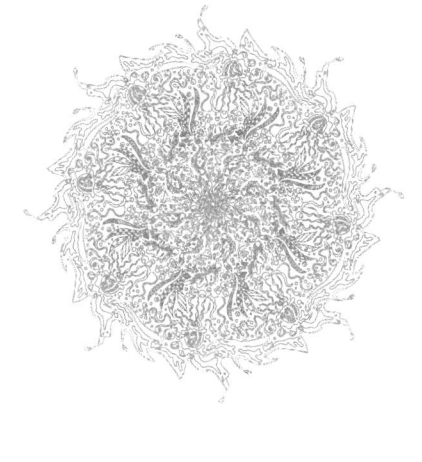

北京联合出版公司

图书在版编目（CIP）数据

那一定是心理问题：科学识别身体和心理发出的求救信号 /（德）亚历山大·库格施塔特著；江剑琴译. -- 北京：北京联合出版公司，2022.2
ISBN 978-7-5596-5821-0

Ⅰ.①那… Ⅱ.①亚… ②江… Ⅲ.①心理学-通俗读物 Ⅳ.①B84-49

中国版本图书馆CIP数据核字（2021）第281280号

Original title: DANN IST DAS WOHL PSYCHOSOMATISCH!
by Alexander Kugelstadt
© 2020 by Mosaik Verlag
a division of Penguin Random House Verlagsgruppe GmbH, München, Germany.

那一定是心理问题：科学识别身体和心理发出的求救信号

作　者：[德]亚历山大·库格施塔特
译　者：江剑琴
责任编辑：徐　鹏
封面设计：WONDERLAND Book design
　　　　　仙境 QQ:344581934

北京联合出版公司出版
（北京市西城区德外大街83号楼9层　100088）
北京联合天畅文化传播公司发行
北京美图印务有限公司印刷　新华书店经销
杭州真凯文化艺术有限公司制版
字数240千字　880毫米×1230毫米　1/32　10.125印张
2022年2月第1版　2022年2月第1次印刷
ISBN 978-7-5596-5821-0
定价：52.00元

版权所有，侵权必究
未经许可，不得以任何方式复制或抄袭本书部分或全部内容
本书若有质量问题，请与本公司图书销售中心联系调换。电话：（010）64258472-800

本书中所有建议均经过作者和出版社的仔细考量，对其疗效不做担保，仅供参考。作者、出版社及委托人对书中内容造成的人员和财物损失不承担任何责任。

书中涉及的权利人均根据出版常规进行标明。如有个别情况来源不清，对内容的权利人无法进行说明的，我方愿意满足一切合理要求。

对于本出版物包含的第三方网页链接，我们对其内容不承担任何责任。这些网页不归我方所有，引用参考仅代表网页在本书首次出版时的状态。

出版集团Random House FSC N001967

目录

前言

引言

为什么要写心身医学 /1
本书使用说明 /4

第 1 部分 身体和心理如何协作

心身医学这个绝妙的世界 /3
身体和心理的爱恨情仇 /6
心身解剖学：我们是如何成为我们的 /19
情绪为何如此复杂 /38
身心关联 /53
人的心理是如何运作的，哪些因素会导致心理疾病 /75

第2部分　心身医学从头到脚

毛发　/98

头痛　/102

穷思竭虑和强迫行为　/107

疑病症：对于疾病的恐惧　/116

心理和饮食：吃东西对我们意味着什么　/121

抑郁：不只是难过　/132

呼吸困难和恐惧焦虑　/144

心脏　/147

创伤后遗症——缺失的安全感　/154

躯体形式障碍（当医生找不到问题出在哪里的时候）　/160

皮肤——人体的屏障　/167

恋足癖及其他性偏好　/172

第3部分　DIY促进心身健康

心身健康的四大支柱　/183

心身急救箱　/185

成为自己最好的朋友　/187

让自己平静下来　/201

"我与你"——和他人之间良好的关系　/212

参加活动，进行运动：找到适合你自己的东西　/230

关于心身的一点哲学思考　/242

第 4 部分 良好的关系是最好的解药：心身科医生如何帮助患者

哪些情况下心身医生能够有所帮助 /255
心理治疗的效果 /258
心身医学的几块基石 /263
心身治疗 /268
心理治疗的奥秘 /277
行动清单：心身疾病，怎么做？ /298

总结和呼吁

我们所有人都会跌倒 /301
找到托住你的那只手 /303

致谢 /305

前言

本书是一本医学科普图书,讲的是身体和心理如何协作,希望能帮助读者改善心身健康,消除对心身疾病的恐惧。

在阅读本书的过程中,你可能会感到非常生气或者绝望无力,也可能会觉得终于有人能理解我了。这都是很正常的,某些内容可能正好戳中了你的痛点。你可以以此为契机,认识你心里的压抑情绪,并学会和它相处。

认识到压抑着你的是什么,就跨出了良好的第一步。

引言

为什么要写心身医学

1999年12月31日,当所有人都在担心着电脑大范围宕机事故的时候,我隔壁的病友,一个45岁的烟鬼,正拉着我聊抽烟给他带来了何等快乐,而烟瘾又使他遭遇了何等不幸。

我是因为肺衰竭住院的,几小时后要接受手术。我不怎么担心,因为医生说像我这样的18岁青壮年男性容易无缘无故患上"气胸"(肺泡破裂,空气进入胸腔挤压肺部和心脏)。这个画面想象起来有点吓人。但是医生的话很让人安心,他们说这"就是很常规的手术"。肺部萎缩对他们来说就是家常便饭。

几周之后我仍然在住院，因为还是有这样那样的问题。后来终于所有情况都好转了，我已经"康复"了，可以出院了，而我的身体这才真正闹腾起来：心跳过速、背部疼痛、皮肤斑疹、头晕。于是我刚出院不久，又不得不再次回到医院。这些症状来得极其突然，就像是什么严重的感染。好像我的身体缺少某种物质，某种可以让各个器官正常运行的递质。

然而检查不出来什么异常。"医学检查结果没有问题！"医生说。她随后又说："可能是心理因素导致的身体不适吧。"

人们所担心的千禧年数字"2000"会引起的大范围计算机故障并没有发生。那些仪器显然比我们想象的要可靠得多。而我的心理调节能力反而没有那么可靠吗？

由于我心跳过速的问题一直没有好转，父母带我去看了心身科医生，他们认为这可能会对我有好处。"心身医学和心理治疗"是研究心理因素同人体健康和疾病之间关系的学科。

也许你也有过这种经历，别人总是小心翼翼地对你说，你的那些问题和症状都是你自己臆想出来的，根本不可能真实存在。我当时就面临这种情况。

心身科的医生听了我说的，把那些没有什么问题的检查报告翻了一遍，然后提出了她的看法："你现在可能是缺失了安全感，因为那次肺衰竭之后，你觉得你的身体不是那么靠得住了。"我解释说我非常清楚我的身体现在一切都正常了，我只是想摆脱那些不舒服的症状。现在我知道，我当时的这种想法是非常普遍的。我们的心理常常会让我们觉得一切都尽在掌控之中。但是人的心理毕竟不是那些编好程序的仪器，可以保证从1999年顺利切换到2000年。

医生给出了她的第一条建议：如果说是因为我对我的身体没有那

么信任了，而心跳过速是压抑恐惧感所遗留下来的症状，那么我可以用一些新的经历来应对它，即自己重新建立信任感。这听起来真是有点玄乎。按照医生说的，我得先计划一些小事，并且很好地按照计划去实行。这个办法实际上是把注意力从躯体的症状上转移开，去克服症状背后缺乏安全感的问题。于是我把刚从图书馆借来的肺病学的书放进了书架，专心完成我自己计划的小事。

那些之前怎么都摆脱不了的症状确实有所好转，没有那么难以忍受了。这时我才开始觉察到，自从我的肺垮掉之后，我内心就一直在和安全感作斗争。而且我也明白了，这种安全感不是靠摄入什么物质，补充什么递质，或者多做几次超声波影像所能获得的。

2000年，我不再对大受欢迎的奔腾III处理器感到好奇，而是把兴趣转移到了心身医学这个还很年轻并且充满神秘色彩的学科上。所以我大学读了人体医学专业，后来又继续深造，成为了心身医学和心理治疗医生。这些年来，我所学习和接触到的东西，可以很好地运用到每个人的日常生活当中，并且它们扮演的角色实际上是十分重要的，所以我希望读者朋友们也能对此有所了解。我相信，了解你心理和身体的关联可以真正改变你的生活。有些人心理原因引起的身体不适可能是由很久远的经历造成的。但即使是这样，努力寻找病因也是值得的，因为哪怕是存在已久的经历和反应模式也可以被此时此刻新的行为所改变，从而使你过上更健康、更满意的生活。

现在我已经知道，我们每个人都会偶尔有心身上这样那样的不适。它可能会长期存在而不至于造成很大的困扰，也可能会使你的生活完全乱套。学习了几年内科和急性心身医学之后，2011年我开始在柏林的一家大型心身医学和心理治疗机构工作。这些年我从接诊的病例身上看到，心身疾病患者常常有很长的就诊史。而那些自己没有意识到的恐惧、社交排挤和侮辱常常是最后导致病情的决定因素。千万不能把那些查不出原因的不适和躯体疾病造成的心理影响不当回事，即使它们的形成机制很多时候还不是很清楚。

心身疾病其实比人们一直以为的要好处理得多。但是患者经常会拖着不去看医生，医生也可能需要一段时间才能认识到是心身的问题。虽然现在到处都在说，方方面面都受心理健康的影响，但是人们还是不太清楚，当出现心理问题的时候到底应该怎么做。况且心身不适经常来得非常突然。

在碰到心身问题时，其实自己可以采取一系列的行动。我确信，加深对身体和心理相互影响机制的了解是解决心身问题、恢复心身健康的钥匙。在本书中，我希望能用通俗易懂的语言，把我从理论学习和实践经验中获得的知识与大家分享。

本书使用说明

上文我向你们讲述了我自己的经历，我的身体和心理之间如何相互影响。我想强调这是我个人的故事，希望你们不要把这本书中的内容和例子一一对应地套在自己的身上。心身疾病五花八门，心灵和身体向我们发出求救信号的原因也多种多样：心理因素可以引发躯体不适，或加重其不适的程度，躯体问题也可以反过来影响心理，躯体和心理症状还可能相互影响构成一个循环，除此之外还有其他很多种情况。本书不是想用条条框框把你框住，让你去对号入座，而是希望所写内容可以帮助你对心身反应和心身疾病可能的作用方式获得一个精确的认识，成为你自己心身问题的专家。而准确的诊断只有医生和心理治疗师跟你当面问诊之后才能做出。

如果你对身体和心理之间的关系感兴趣，如果你偶尔有找不到原因的不适，或者你朋友的朋友有这样的问题，又或者你想更好地了解你自己心理和生理的各种反应，那么你们都适合阅读这本书。无论此时的你是完全健康的状态还是身体出现了很大的问题，你都能在这本书的某个章节里找到自己的影子，然后更进一步地了解自己。

为了能够让大家了解心身医学，从而过上更好的生活，我觉得还是需要写一点理论知识。但在合适的地方，我也会告诉大家这些理论在日常生活中怎样运用。你会看到，这本书教大家使用心身医学的方法爱护自己，一方面带领大家进行练习，另一方面帮助大家更好地了解自己。

我这本书是从一个医学从业者和心理治疗师的角度来写的。我的职业准确来说是心身医学及心理治疗专科医生，或者简称心身医疗师。我大学完成了医学学业，然后这些年专攻心身医学（这一依然小众的）领域。我进修过程中很大一部分内容是心理治疗的方法，经过这些学习我现在成为了医生和治疗师为一体的一个角色。心身医学诞生于大约一百年前，是从内科学和精神分析法中结合发展出来的。从那时起到如今的现代医学分支"心身医学和心理治疗"之间经历了很多的发展。其间也出现了其他同样受到广泛认可并且行之有效的心理治疗方法，例如行为治疗和系统治疗。在这里我们只能稍微带过，但绝不代表它们就不重要。而且现代心身医学其实也包括很多不同的治疗方法。

本书所涉及的病例，虽然是我杜撰的，但都是完全可能发生的情况。其中涉及的名字并不对应生活中的人。

在本书的撰写过程当中，我始终非常注意语言的性别公平性。尤其是我所从事的领域，有着大量的女性患者，而且心身医学和心理治疗领域也有很多的女性从业者。现在德语中，在同时指男性和女性时有时会随机交替使用阳性和阴性形式。这种做法在我看来太过混乱，因为经常都不清楚到底指的是所有男性、所有女性还是所有的人，以至于很容易造成内容上的误解。因为没有很好的替代方式，所以我还是用阳性形式来指所有的人。在我看来，性别公平首要的不是在于语法形式上，而是在于深层的思想和文化当中。

这本书由四部分构成。在第一部分"身体和心理如何协作"中，我想介绍心身医学的基本原理，并在第二部分"心身医学从头到脚"中具体展开。在第三部分"DIY促进心身健康"中，你会获得启发，了解如何运用心身医学的机制去恢复和保持健康。最后第四部分是讲心身科医生和心理治疗师在医院或诊所如何进行治疗。我给第四部分起的标题是"良好的关系是最好的解药：心身科医生如何帮助患者"。

因为有很多可以自行完成的事情都对我们的心身健康有所帮助，所以我在本书中没有涉及药物治疗相关的内容，但这并不意味着否定药物在某些特定情况下的必要性和有效性。不过如果要开药，反正得去找医生，所以这本面向大众的书就没有必要涉及这方面内容了。

本书中还有很多"摆脱心身陷阱"的部分，这部分内容旨在帮助大家摆脱常见的心身健康陷阱。当一些症状被贴上了"心身疾病"的标签，而没有建设性的办法去解决根源问题，就可能让人落入陷阱。心身疾病一个核心发病机制就是其躯体症状掩盖了真正引发问题的心理原因。而我们的医学体系和整个社会都始终是更加注重身体健康的，在看待疾病时，仍然还是更多地从躯体的角度着手，而不是从心理的角度。这样一来,真正的根源问题很难被发现,不少人在这种情况下会觉得掉进了陷阱走不出来。

这些跟心理有关的词都是什么意思?

在此我对所有和心理有关的词汇进行简短的释义,以便大家在阅读本书的过程中能够理解。

心身医学及心理治疗:医学的分支学科,旨在对社会和心理因素及身心间的相互影响所造成的疾病进行诊断、治疗和预防。其治疗手段涉及生理和心理治疗。

心身学(Psychosomatik):1.心身医学及心理治疗的简称。2.一种将身体和心理综合看待的方式。(在古希腊语中psyché是呼吸、气息、心灵之意;soma是身体、躯体之意。)

心身症状:完全或部分由心理原因引起的,或者至少是受心理因素影响而长期存在的躯体症状。

心身的:与身体和心理相关的,由身心间的相互作用而引起的。

心身医疗师:心身医学及心理治疗专科医生。在完成医学学业后从事五年以上身心关联方面的诊疗工作,系统地学习过心理治疗。

心理治疗师:医生或心理学家,完整地学习和进修过心理疗法。这一称呼在德国是受到保护的。

心理还是心灵?心理(psycho):心理机能和结构,仅限于能观察到的思维和感觉。**心灵(seele)**:通常也包括无法观察到的、矛盾的内心世界。二者常常被当作同义词使用,没有严格区分。

第 *1* 部分
身体和心理如何协作

心身医学这个绝妙的世界

当身体和心理向我们发出求救信号时,我们能做些什么呢?作为心身科及心理治疗的医生,这是一个我每天都要思考的问题。四肢麻木的保育员,害怕得癌症的律师,两次心肌梗死却仍然戒不掉烟瘾的砌墙工人,所有这些人都在同我们医生还有心理治疗师一起寻找这个问题的答案。

在本书中,你们会了解到,当我们的身体或者心理向我们发出这样那样的信号时,我们应该怎么做。心身问题不是像很多人以为的那样,是心理对躯体的单方面影响。心身问题也不是所有"治不了"的疾病的总称。在所有的疾病中,心理和躯体都是相互作用的,只不过这种影响有时候大一点,有时候小一点。因此,凡是必须考虑心身的相互影响,并且从心身的角度能够帮助到患者的情况,都属于我们心身医学的领域。

在我的诊室

那个保育员为什么会感到麻木?那名律师和疾病有什么过往埋藏在内心深处?那名砌墙工人内心是不是有什么东西驱使着他进行自我

伤害？这三个例子中，有没有什么办法可以把他们从这种压抑他们的痛苦中解放出来呢？

当病人到我的心身科来看病时，和其他科室一样，我的所有考虑都是基于躯体官能的检查和诊断。但是人体的很多方面单单通过躯体检查、化验、X光、超声波等是无法搞清楚的。患者的个人层面至关重要，要去认识他内心的真实想法、他的主观意愿，这样我们才能有一个概念，怎样去帮助他走出症状的陷阱。

这个过程是很绝妙的（每个医学领域都有其绝妙之处）：我们会将客观的、传统的医学手段同患者紧张而矛盾的内心世界结合起来看，考察患者的主观情感、想象和经验。而这一主观世界是无法测量的，也没有对与错。

我们心身医疗师自身就是检查和治疗的仪器，因为至今还没有仪器设备可以了解患者的主观世界。正是因为那个肢体麻木的保育员不知道自己为什么会感到麻木，那个律师不理解自己的恐惧，而那个砌匠本来也不想再抽烟了，我们才需要根据我们的知识和经验去逐步找到他们内心的问题根源。而我们所凭借的知识和经验，一方面是患者的行为和他们对自身经历的讲述，另一方面是一些概念、模型和理论，它们能帮助我们医生去判断患者提供的那些信息意味着什么。

和我一起周游心身医学的世界

对这些概念、模型和理论有了一定的了解之后，你可能会对某些事情有恍然大悟的感觉。因为你们觉得很难解释的情况从另外一个角度突然说得通了，而且也变得更好处理了。我的许多病人也是这样，了解一些理论知识能一上来就减轻一些心理负担。

因此在本书的第一部分我想同读者们一起，周游一下心身医学的世界。环游世界的人不会在每个地方都作停留。我们的心身医学之旅也是这样，不会所有的内容都涉及到，况且心身医学的复杂程度根本不是我们在这本书里能面面俱到的。我想带你们去到心身医学世界里我最喜欢的那些地方，也会让你们对心身医学有一个整体的了解。

首先我们会去到生命的起点，去看看你是怎样从一个婴儿变成了现在的你（从19页开始）。然后我们会绕个弯，去看看情绪的世界（从38页开始）。情绪恰好是介于躯体体验和心理体验二者之间的一个领域，而心身问题正是从这里产生的。

研究表明，心理压力大的人接触感冒病毒后，会比心理压力小的人更容易患上感冒。从53页开始我们会探讨，心身是如何运行的，有哪些系统将心理和躯体联结起来。在旅途的最后一站，我们会看到哪些因素会导致心理出现问题（从75页开始）。

让我们先以一个简短的时光之旅开始我们的冒险吧，我们会去到现代心身学的源头，接下来你们会看到不仅是医学领域，哲学领域对躯体和心灵之间关系的探讨也由来已久。

身体和心理的爱恨情仇

由两部分组成的人

你先快速回忆一下，上次你有解释不清的躯体症状是什么时候？也许是冒汗、发抖、心慌、晕眩或者头疼，出现这些症状的原因就像一个谜一样。读到这里请你稍微停一下，回忆一下当时的感觉。

你相不相信，这些症状是由你的心理原因引起的呢？还是说你认为当时的不适过于强烈，不可能单单是心理问题。

现在你再来回忆一下你上次得流感，打寒战、发高烧、做噩梦的场景，或者看牙医时很不舒服的场景，比如说拔牙挖得整个颌骨都在颤。在这里也请稍微停一下，去感受一下真正的躯体不适是什么状态。

你在回忆这些场景时，心理上有什么感觉？

很可能心理上也觉得不太舒服吧。肯定很难受，说不定还哼哼唧唧的。为什么会这样呢？照理说跟心理完全不相关呀，不舒服的明明是你的身体。

身体和精神的区分从何而来

心理和身体之间有何关联，这种关联对我们的生活又有何影响，人类在每个历史时期都在思考这个问题。直到现在我们也乐此不疲地探究着与身体和心理相关的几个基本问题。

我之前在一所大型医院心身科当住院医生时，要给出一个合情合理的诊断常常十分需要技巧。病人的病到底是心理原因居多还是生理原因居多，通常不是那么容易弄清楚的，有时候压根就不可能弄得清楚。当你告诉病人，他的问题可能跟心理有关，而他自己并不相信，那有什么用呢？这种情况只有一种结果：他觉得你搞错了，然后离开去找其他医生。这也很好理解，因为就相当于是你说他心理有问题，而他觉得他心理根本没问题，所以无法接受这样的诊断，只能另寻其他医生了。

相反，还有一些病人觉得自己心理有问题，有任何的躯体不适都到心理上去找原因，而不愿意好好地做身体检查。有些躯体疾病的患者，例如有高血压、胃炎或者糖尿病，会因为紧张和焦虑而采取某些行为，导致血压和血糖升得更高。这种情况其实很容易就能看出来，比如他们会在医生查房的时候写邮件或者总说"我必须要赶快接个电话"。这种人通常都不知道要把自己看得重要一些，学会照顾自己。

我在住院部当医生期间，护士、病人、心理专家、创造性治疗师和我们医生常常会就某种疾病到底是心理因素还是生理因素影响更大吵得不可开交。就像拔河拉锯战一样，看谁能拿出更有说服力的证据。就连我自己心里都摇摆不定，有时更愿意相信是心理原因，有时又更倾向于生理原因。我身边的朋友都叫苦不迭，说我一会儿严格根据化验和拍片的客观结果进行判断，俨然一副理性医生的样子，一会儿又觉得只有患者的主观经历和他内心的情感世界才最能指向合适的治疗方法。

在我们的脑海中，心理和躯体常常是对立的两个面，在我们的医疗体系里也是如此。

这是为什么呢？

心身观的历史溯源

身体和心理之间的故事，总有新的说法。就像是两个永远在寻找，却又始终碰不到彼此的爱人，几百年来逾越在它们之间的鸿沟深深地刻在了我们的脑海里。

> **扩展：笛卡尔的世界观**
> **——他是如何将肉体和心灵区分开的**
>
> 哲学家勒内·笛卡尔（René Descartes）对于后世对躯体和心理的思考有着深远的影响，并且其影响一直持续到今天。笛卡尔生于1596年，逝于1650年。当时教会势力衰落，人们开始置疑上帝、法则和存在的依据。在这一背景下，笛卡尔探讨其自身存在的基础。如果说不是上帝把他带到这个世界上，那么他又如何能确定自己到底是否存在呢？
>
> 他发现，我们的感官，例如视觉和听觉都有可能会欺骗我们，并且也没有证据可以证明，我们所感知到的就是客观真实的。所以，他将目光投向了内心世界。他的思想和他的怀疑都存在于内心世界里。他观察自己怀疑事情的过程，并且思考，世界上到底有没有什么东西我们可以证明它是真的存在呢？这时他突然灵光一闪，我的质疑、思想和探索是真实存在的啊！这一点他非常肯定。世界存在与否无法证明，但是他可以证明他正在思考着这个世界是否存在。由此他提出了著名的"我思故我在"。

> 但是这一观点也极大地影响了他对肉体的看法。因为我思故我在,那么人就完全不需要肉体了。和思维不同,肉体我们根本就无法证明其存在,因为我们之所以存在,单单是因为我们在思考。对于笛卡尔来说,肉体同所有其他意识以外的东西一样,都不真正是"我"的一部分。他将人身上最重要的部分称作"res cogitans",即"正在思维着的"。而肉体被他排除了出去,归为"res extensa",即"在外面"。外界还包括物质世界,树木、桌子、书本等所有可以触摸到的东西。也就是说,笛卡尔认为肉体和思维是两个完全不相关的,并且有本质区别的东西。他的观点正是今天"心身分离"思想的来源。

非此即彼的陷阱

即使是今天,还是有很多"躯体医生"不会去关心病人的心理,而"心理医生"只要能在心理层面找到一个可能的解释,就很少会去询问躯体情况。这就是一个非此即彼的陷阱。我们始终还是习惯将躯体和心理视为两个完全不同的世界,并且只在其中一个领域去找病因,但事实上它们并非这样的关系。

看到这里你可能会说,"从笛卡尔到现在过了这么长时间了,我们现在对二者的关系有了更深的认识"。我必须反驳这一点,并且我还可以证明心身不相干这一错误的观点在我们日常语言使用中都根深蒂固。我们会说"我"累了,但是会说"我的心"跳得很快。精神上的活动好像是我们主动去做的,但是躯体上的活动却好像是被动地发生在我们身上。很多习语也是根据"我和我的身体"这一模式构成的。也就是说,我们是根据我们的意识去定义我们自己的,我们的意识就等同于我们。然后我们有一个身体,我们也有大脑,但是我们绝对不会说我们就是我们的大脑。

不过我们也不能把心身分离的看法完全归结到笛卡尔。他的思想得以传播也得归咎于医学几百年来都专注于研究躯体,也就是人的外部"res extensa",而将心理排除在外。这样的区分也的确使得医学界有了很多重大的发现,我这里简单举个例子:病理学家鲁道夫·魏尔肖(Rudolf Virchow)发现,身体细胞的异常和不良的卫生状况会引起人体疾病。多么伟大的发现啊!

于是在医学界,人们都疯狂地从自然科学的角度去寻找病因,寻找一切可触摸和测量的指标,进而推进了人体医学的发展。那些麻烦的心理问题就交给哲学家和神父们吧。我想起2001年我刚读大学时,尸体解剖、化学实验、物理课程几乎占满了全部的时间,让人没有精力去关心人作为一种有灵魂的生物的存在。

其实我们现在医学界对心身关系的看法和笛卡尔差不多。每个器官都有专门负责的科室和医生,然后除此之外有那么寥寥几个医生负责心理科。我在心身科坐诊的时候,常常有这种经历,病人要么觉得完全不用跟我说他的躯体情况(更倾向于把我当作心理科的),要么就认为不需要向我透露什么心理问题,因为毕竟我是"医生"。

很多时候,我们还是把身体当作一个厉害的机器,兢兢业业地完成着它的工作。而我们在它旁边过着我们自己的生活,最多就是在洗澡或者蒸桑拿的时候偶尔跟它撞了个满怀。

心身学存在已久

虽然历史上对躯体和心理有一个根本性的区分,但是也一直有人对此持怀疑态度。早在1818年,克里斯蒂安·奥古斯特·海因洛特(Christian August Heinroth)医生就曾表示疾病是从人罪恶的欲望中产生的。另外"心身"这个概念也是由他提出来的。海因洛特等人构成了广为认可的心身分离学说的反对者,但是他们"心身一体"观点的影响力非常有限。

1900年在维也纳,一个新的纪元开始了。神经学家西格蒙德·弗洛伊德(Sigmund Freud)——大家可能都听说过他——跟着巴黎萨伯特医院的沙可(Charcot)博士学习了如何用催眠法治疗歇斯底里症。这些病人有明显的运动障碍或者意识改变,但是神经系统又找不到器质性的病理基础,发作时典型特征是身体会向后仰,形成一个圆弧。

扩展:歇斯底里症的前世今生

19世纪末期,巴黎医生让-马丁·沙可(Jean-Martin Charcot)认为歇斯底里(即癔症)是一种遗传性的神经疾病,并且主要见于女性。这种疾病特征很典型,症状和痉挛发作的神经表征类似。沙可医生使用的治疗方法非常粗暴。他让癔症患者去结婚,这听起来好像还不错。但结婚的目的是,通过让癔症女性达到高潮来使她们平静下来,并且这一过程经常在教室里公开进行,还用到一种叫作"卵巢按压器"的工具。如今"歇斯底里"这个概念医学界已经不用了,但在日常用语中仍然用来形容夸张的举动和不自然的表现,并且常常和性行为挂钩。

来自维也纳的弗洛伊德跟着沙可学习之后,对于歇斯底里症提出了比沙可更加温和而且更加人性化的观点。他认为癔症是儿时的性相关经历造成的,这些经历患者本人已经想不起来了。只有让这些经历重新浮现出来,病人的症状才会消失。现代心理疗法就此诞生。如今心身医学中还会谈到"表演型"性格特征,这是一种幼时人际关系影响下产生的性格特征,表现为情绪过分夸张且多变,以自我为中心,矫揉造作。

年轻的弗洛伊德从巴黎回到维也纳之后，发明了自己的一套方法，治疗非器质性原因引起的歇斯底里症。这种方法后来被他称为精神分析法，即精神的"分析"法。治疗时，病人会和治疗师进行交谈，自由诉说心中想到的任何东西。

在与患者的交谈中，弗洛伊德关注患者的内心世界，她的生活和她的思想，并且将她的症状同她经历过的创伤联系起来。这种从躯体转而关注内心世界的转向使得人们可以用一种全新的眼光看待人类和人的心理。

弗洛伊德发现的"无意识"奠定了我们今天心身观点的基础。无意识是所有我们知道，但却回忆不起来或者不愿意回忆起来的事情。我们现在从精神分析和脑科学的研究中已经得知，无意识也会诱发一些表征或者决定人的某些行为，虽然我们在做某些事情的时候并不会意识到真正驱使我们的原因是什么。或者说正是因为真正的原因不会进入到意识当中，所以它才能够决定某些行为。

虽然我们自己意识不到，但事实上很多东西有着表象之外的意义，会触动我们内心的深处，内心的力量会促使我们去做这样那样的事情，而且有时内心其实是矛盾的。这些都是精神分析学说提出的开创性观点。

越来越多的医生在传统治疗方法的基础上，配合使用弗洛伊德式的谈话治疗法，因为他们发现单纯的躯体治疗常常收效很有限。格奥尔格·格罗代克（Georg Groddeck）医生1920年就以用心理疗法治疗慢性躯体疾病而闻名，他根据患者自身的体验去定义疾病，而不是根据什么可视的外部检查结果。

一百年后的今天，我们仍然能够从这些观点中汲取养分。这种从患者出发的做法是极其人性化的，也是我们当代医学所不够重视的。

融合的时代

千百年来,大脑如何进行思维都像一个谜题一样,而近二十年,对其进行生物学研究成为了可能。因此,终于是时候拆掉我们身体里分隔心理和躯体的那堵墙了。

心身分隔的错觉

当我们把一个人的大脑放进功能性核磁共振仪器里,就可以看到,当人进行任何感觉或思维活动之前,大脑里都会发生电和生物化学反应。也就是说,躯体和心理根本就不是相互分离的,每一种内心状态都能在大脑里找到与其相对应的物质,res cogitans和res extensa只不过是一枚硬币的两个面罢了。

躯体和心理其实是一体的!

我们的身体,尤其是我们的大脑,一直不断地将我们的心理体验转变成生物反应,然后这些生物反应再转化成行为和交际活动。和朋友的一次谈话会改变你的大脑——大脑会建立新的神经元连接,脑内的化学物质也会发生变化。你阅读这本书时,我们之间的对话也会使你的身体发生改变,因为你会对读到的内容做出各种各样的反应。因为有这些变化,你在将来的某些情况下会做出和以前不同的躯体和心理反应。

不久之前科学家才发现,我们所有的人际关系、交谈和沟通过程不仅会影响我们的思维,还会改变我们神经连接和大脑的生物学结构。这是一个值得高兴的消息。

可以肯定,躯体和心理是紧密相连的,并且它们之间的关联会使得我们的生活变得更简单。我们自己，以及医学界都应该更好地利用心身之间的联系。虽然心身之间的区分依然存在，我们在这本书接下来的部分也还是会分别提到躯体和心理，但是这一区分仅仅是为了方便理解。

主观性

笛卡尔认为，如果说精神是和躯体完全不同的东西，那么在人出生的时候，必须是由上帝将精神赋予给了人，并且在人死去之时，精神又会离开人体，去往天堂。于是也就有了人死后一半去天堂、一半去地狱的传统说法。相比于把精神单单看作人体的一部分，会和肉体一同死去，西方国家的这种精神不死的看法肯定要更加让人欣慰。虽然可以用科学的方法将人分解，但是他仍然以某种形式超然地活着。另外，相信有超出我们自身的力量存在，对健康也是有好处的，不过不应太过夸大上帝的力量。因此，精神和宗教同脑科学研究也不是一个非此即彼的关系，躯体和精神的关系始终是像一个爱情故事一样，有很多面。

这其中还涉及到一个问题，就是我们为什么会觉得世界是像我们所感受到的那样。这一问题是脑科学家无法解释的。主观的东西，也就是每个人独特的感觉和感受，无法科学地解释和客观地测量。我可以尽量用语言向你描述我的疼痛是什么感觉，通过你的共情能力，你在一定程度上能体会我的疼痛，虽然可能感受到的程度会比我轻一些。但是你永远都不会知道，我的实际感受是怎样的。因此，医学想要全面完整地了解人是极其困难的。

三维性

过去人们是把人体当作完美运转的机器,并且可以不断地被优化和修复。这一"机器人"模式被生物心理社会模式取代了。生物心理社会模式不是把人仅仅当作一个有机体,或者是只关注其心理,或者仅仅把人视为社会的一部分,而是要求同时关注到人体的生理和心理方面,以及社会关系。注意不是逐一考察这三方面,而是同时关注,这三个层面是一体的。

扩展:生物—心理—社会模式

三百多年前,哲学家斯宾诺莎(Spinoza)就曾提出"身心一体论",他认为,我们人不是先有心灵,然后心灵支配着肉体,而是由心灵和肉体二者共同构成。根据斯宾诺莎的思想,也就不存在单纯的躯体疾病或者心理疾病,而是说人始终是在二者之间寻求一个健康的平衡。这种企图摒弃"身心分离观"的整体性的思想一直到不久之前才融入我们现代的生物心理社会模式当中。将疾病简化成个别病因的做法已经行不通了,必须得认识到,生病的时候是整个系统失去了平衡。来看病的从来不是一个躯体或者一个精神,也从来没有一个病人是单单躯体上或者心理上出了问题。单纯的躯体或者心理疾病是不存在的。当一个人生病的时候,两个体系总是共同做出反应的。

生物心理社会模式不仅仅是一种思想,它对医学实践也有着重要的影响。无论病因是生理的还是心理的,都应该同时对两方面进行诊断。长时间以来,大家都认为应该先检查身体,身体查不出问题的时候,才会去看心理方面,因为身体没问题的时候

> "那么大概就是心身问题了吧"。这种将心身分割开的做法忽略了在各种疾病当中身体和心理之间的相互影响。治疗时也应该尽可能地同时从生理、心理和社会三方面着手。

心身是一体的

在这里,我必须跟你们说,我们一方面需要让医生运用生物心理社会模式给病人看病,另一方面也需要病人的理解,医生这么做是为了病人好。

一提到心理问题,大家还是觉得不太光彩,所以很多人还是不愿意接受生物心理社会模式。要注意,本书里提到"身体"和"心理"仅仅是为了便于理解,这种二分法已经过时了,心身之间没有清晰的界限,就像爱人之间不区分你我一样。弗洛伊德1930年在《文明及其不满》中写道,在热恋中,边界感会趋于消失,"相爱的人会坚持认为彼此是一体的,两个人就像一个人一样,虽然所有的感官证据都清楚地表明他们是两个独立的个体"。身体和心理也正是这样。

摆脱心身陷阱
第1篇:学会倾听你的身体

通过Skype我们时时在和世界各地的人联系,但是我们上一次跟我们的身体对话是什么时候呢?身体时时刻刻都在向我们发出信息。下面我会告诉你们几个办法,如何更好地领会身体发出的信号。

1. 每个人身体发出的信号都各不相同。你在进行一次紧张的谈话之前，会出汗，心慌，还是会感到疲惫不堪，只有你自己会知道。所以，多多注意你的身体在什么情况下会发出什么信号。

2. 下一个问题是，当你在做一件很有挑战性，甚至是超出你能力的事情的时候，身体会发出些什么信号？心慌，晕眩，失眠，疲惫，胃不舒服？试试把这些信号当作对你的提示。（当然要在医生检查了，确认没有器质性病变的前提下。）

3. 如果你发现了一两个经常反复出现的信号，问问自己，你收到这些信息后都做了些什么。我猜你肯定和其他很多人一样，采取了麻痹策略，不去听那些身体发出的信息，并且忽视信号背后的原因。你是不是吃甜食或者喝咖啡来让自己集中注意力？或者喝酒放松？或者沉浸在社交媒体中，逃避真实生活中的冲突？

4. 这些办法可能会短时间内有用，但是时间长了身体的警告会越来越响。问问你自己，在不舒服的情况下你通常会做些什么让自己感觉好一点，揭开麻痹策略的面纱，给你自己使用的策略起个名字。比如我的叫"信息过载法"，碰到不好解决的事情时我总是会去看大量的跟这个问题相关的信息。

5. 你的策略效果能持续多久呢？我通常只有一天。你越了解你身体的麻痹策略，就越能更好地听取身体发出的信号，获得关于你内心状况的重要信息。

接下来我们会继续探索心身的秘密，去看看人如何成为他自己，如何应对各种挑战，会因为什么感到焦虑和压力？

　　心身解剖学不是解剖身体的器官结构，而是要解剖一个看不见的回忆网络。这个网络是由身心发展过程中关键事件的记忆组成的。

心身解剖学：我们是如何成为我们的

现如今，我们的医学技术已经得到了很好的发展，对于一些急性的身体疾病，例如心肌梗死，顶尖医学技术常常可以起到很好的效果。然而科技越发达，大家越会觉得，言语治疗和人际关系对疾病可能没那么重要，远不如显微外科手术的效果来得好而精确。对于盲肠炎和心肌梗死等急性病也的确是如此。因此，在医学界人们一直忽略了心身解剖学。我想把心身解剖学称为"第二解剖学"，它解剖的是我们心理的构造以及心理和身体的关联。好在现在从心身方面对疾病进行诊断的数量也在快速地增长。

近年来，人们越来越清楚，压力对于疾病的形成有着关键的影响。因此，搞清楚压力是由什么引起的至关重要。已经有研究发现，亲密关系和情感在儿童早期成长过程中起着决定性的作用，并且会对儿童的大脑及其他器官产生重大的影响。顶尖的神经生物学家认为：决定一个人会不会生病的不仅有基因，还有他出生前在母亲子宫里的经历、早期同父母之间的关系，以及他处理压力的方式。

婴儿时期的压力

因为神经生物学家总是一再强调孕期对胎儿大脑发育的影响,所以我们来简单看看孕期究竟会发生什么,毕竟神经生物学家是脑科学方面的专家。

神经生物学研究结果表明,思维、感受和体验均和脑内具体的神经元活动相关。并且,大脑最早接触到的信息会对大脑边缘系统的发育产生重大影响,而边缘系统又是负责性格发展的,因此婴儿早期遭遇对其后来性格的形成起着至关重要的作用。大脑的发育从孕期就开始了。胎儿的大脑已经需要处理一定的压力了,因为母亲体内的压力激素会通过胎盘和脐带传递给胎儿。

虽然说,一切发育的原材料都是基因。但是没有一个基因编码包含某种特定的性格特征,能决定焦虑症和抑郁症的发生。一个成年人对压力和负面情绪是否敏感,更多地是取决于他的大脑压力处理系统在出生之前发展成了什么样子。

如果母亲在孕期受到同事的排挤甚至是欺负,遭遇分手,或者是资金不足、担心住房问题,她体内的压力激素皮质醇的分泌就会增加,那么胎儿的大脑也会受到这些皮质醇的影响。皮质醇是肾上腺产生的一种信号物质,帮助人体在受到躯体或心理压力时产生更多的能量。如果我们持续处于一种过度紧张(也就是压力)的状态,那么血液中的皮质醇含量就会长期过高,进而导致人体的各个系统过度刺激,对大脑、免疫系统和心血管系统都会造成不良影响。如果压力超过了胎儿所能承受的范围,那么他在将来的人生当中会比胎儿时期没有受到过大压力的人更容易产生压力反应。

童年时期的经历

同出生之前在母亲体内的时期一样,童年早期也是一个对之后的健康和快乐非常关键的时期。就像我们先要了解心脏的结构才能真正掌握心脏健康一样,要想掌握心身健康,就绕不开童年时期。

心身系统,即躯体和心理相互影响的体系是由童年的经历铸造而成的。

但是,与以前人们所认为的不同,心身的发展并没有在童年时期就完结并且固定下来。后天的内心感受还可能因为观点的改变而改变,如果在关键时间节点良好的亲密关系起到了积极作用,改变了人生轨迹,那么童年的不幸也可以被治愈。哪怕在很大的年纪,大脑都还是可能会发生剧烈的改变,这一点要得益于神经的可塑性。神经可塑性是指,大脑不是像一块石头一样一成不变的,而是像一块橡皮泥。只要人们知道自己需要什么,有了新的经验,就可以有针对性地改变大脑的结构。

那么接下来我们就会谈到,人的一生会经历哪些重要阶段,未被满足的需求和失败的经历会对人造成怎样的影响。在这一章里,我将很多不同的理论和模型都融合到了一起。其实心身科医生日常诊断的时候也是这样的,每个患者的情况本来就各不相同,都要根据具体情况决定什么样的理论才适用。接下来的内容主要涉及神经生物学、依恋理论和性心理发展阶段理论的思想。

零岁之前：腹中胎儿时期

安全区域

我们对于自己在母亲体内的时期是没有主观记忆的，也永远不会想起来那时自己经历过什么。但其实我们对这一时期也存在某种形式的记忆，这种记忆主要体现在习惯当中。重复性的刺激会被我们储存下来，当作是正常的、安全的：母亲的嗓音，熟悉的节奏（比如母亲的心跳），其他器官发出的声音（比如母亲放屁的声音），还有父亲在肚子上轻柔的拍打都会被记忆。

能力

肚子里的胎儿已经能够将父母的声音同其他人区别开来，也可以根据母亲的心跳对自己进行调整，还可以记住读给他听的故事，在出生之后听到同样故事的时候辨认出来。这一结果是通过观测婴儿在听到不同诗歌时吮吸手指的频率而得出的，在听到熟悉的诗歌时，他会感觉更好，吮吸手指的频率更高。婴儿在出生之后也能够辨认他的母语，并且在听到母语时感觉更舒服。胎儿还会记住羊水的味道，在出生之后通过味道辨认他的母亲。

焦虑和压力也会通过压力激素肾上腺素和皮质醇传递给胎儿，造成胎儿体内血管收缩，氧气含量减少。有研究证明孕期压力会提高胎儿日后抑郁的可能性。

胎儿8周，还只有2.5厘米的时候就能够感知到刺激了。胎儿的心理从此时开始大步地发展。心理不是在出生的时候一下子进入到"完整的"身体里的，而是随着怀孕的月份逐步形成的。心理发育一方面受到神经元和突触生理发育的影响,另一方面也受到胎儿同周围人关系的影响。在二者的相互作用下,胎儿就这样在妈妈肚子里发育出了自己的心理。

大脑校准

众多研究表明,孕期妈妈的压力状况会构成孩子接下来一生应对压力的基础。这一认识在心身医学中至关重要。人们研究了压力尤其是压力激素皮质醇对胎儿的影响。母体内皮质醇中的大约10%会通过胎盘和脐带到达胎儿体内。如果母亲长期处于压力状态,那么胎儿脑内的海马体和下丘脑区域会进行校准,将这种情况视为"正常状态"。这样一来,小孩以后就会很容易为了达到更好的表现而激活压力状态,而不能冷静地应对各种任务或是放松地面对冲突。

胎儿完全是一个心身一体的生物,生理和心理的压力源对他来说没有区别,血糖和压力对胎儿的影响机制是一样的。当血糖长期处于高水平时,胎儿会进行校准,把母亲通过激素传递的这一较高水平当作正常水平。胰岛素和瘦素本来是用于加工食物,为机体和心理指示饱腹感的。但是孕期高血糖的影响会使得大脑对这些信号的反应变得迟钝。小孩出生后需要更多的卡路里,才会获得饱腹感。

知道了这些,下次我们再减肥失败的时候,就不会总是责怪自己了。有了这些知识,我们就会知道,不是所有的东西都能够由我们自己掌控,也就不用勉强自己一定要达到某个目标了。

接受自我

尽管如此,我们仍然还是可以改变很多东西的,可以通过长期不断的重复强化新的行为方式。要做到这一点,首先我们必须接受自己，爱自己。很多广告和成功学的书总是告诉我们，"你必须对目标有强烈的追求，要在心里想象达到目标之后的场景"，但这通常并不足够。我们首先必须清楚，真实的我们是什么样的，并且接受自己这样所带来的一切后果。在第三部分"DIY促进心身健康"中我们会更多地讲到这一点。

很多躯体或者心理的疾病都是在妈妈肚子里就埋下了种子。妈妈的生活状态给胎儿带来的影响是躯体的还是心理的，其实无法真正区分开来，因为心身都是合为一体的。母亲的心理压力会在体内形成相应的化学物质，而这些化学物质又会改变胎儿的脑部以及他的各项感受。

未来肯定还是要从预防的角度出发，加强民众心身知识教育，尤其要关注有心理疾病、压力过大等问题的家庭。

我在心身门诊和心理治疗中碰到过很多怀孕的女性患者希望改善孕期压力过大的问题。在这方面，心理治疗还有很大的潜力。通过促进积极的依恋关系和改变某些行为，我们可以一定程度上避免疾病在下一代身上发生。

摆脱心身陷阱
第2篇：肢体接触和深情对视

小孩刚出生的头几年，同父母之间的肢体接触对于他长大后能够对其躯体形成健康的感知能力是极其重要的。父母和孩子之间的肢体接触会让孩子对他的身体有一个健康的认识。父母越多地触摸孩子的不同身体部位，孩子就越能够对其躯体建立起一个协调的整体概念，从而在后面的儿童和青少年时期对躯体感觉有更精确的理解。但是，母亲的抚触如果持续时间过长，则会起到相反的效果。

　　肢体接触对于成年人来说同样重要。现在人与人之间，尤其是伴侣之间的肢体接触常常都太少了。抚摸会促进依恋激素催产素的分泌，而催产素能够加强对对方的信任感，使人更能敞开心扉，更放松，也更自信。催产素可以降低体内的压力水平，减少压力激素皮质醇的分泌。按摩和亲昵可以化解麻木冷淡，促进感情。长时间的对视也能够促进感情，使心情平静。

出生后的第一年：初来乍到

依恋

出生之后，最重要的就是建立依恋关系。刚出生的婴儿，除了进食之外，要做的就是和他周围的人建立联系，和他们"闲聊"。过去三四十年，研究发现婴儿比人们以为的要聪明得多。婴儿不是吃饱了、保持干净清爽就够了，他们从出生开始就拥有和周围人建立关系的能力。

想要和不想要

受到弗洛伊德的影响，一直到20世纪80年代人们都一直认为，婴儿只有"想要"（我想要这个）和"不想要"（我不想要这个）。当时人们认为婴儿只需要躺在母亲怀里，有热腾腾的奶喝就够了，所有其他的东西他都不想要，都是多余的，应该要尽可能地避免。但事实上，婴儿出生不久就拥有非常细腻的感情，对七种基本情绪（兴趣、惊讶、厌恶、喜悦、愤怒、悲伤、恐惧）都能够使用典型的面部表情进行表达。

觉得自己无所不能

婴儿还会使用一切可能的工具，来和身边的人进行交流。例如他们会通过声音和手势，清楚地向父母表达他不舒服。至于他的叫嚷声到底是因为他累了、饿了、无聊了、出汗了还是害怕了，有时要依靠父母的直觉进行分辨。父母大多数情况下都能准确判断婴儿需要什么，并且本能性地用婴儿的语言进行回应。在这个过程当中，婴儿就会慢慢了解自己和自身的需求。

在刚出生的一年多时间里，婴儿很擅长扮演领导的角色，命令父母干这个干那个，夺走他们的睡眠时间。他们会觉得自己有很大的权力，可以掌控一切。人们将这种现象称为"原初自恋"或者全能体验。（如果有当过父母的读者，读到这里肯定知道我在说什么。）以前流行的教育理念认为，应该要制止这种全能自恋，父母怎么能叫婴儿牵着鼻子走呢。但是在婴幼儿时期，全能自恋其实对健康完全是有促进作用的。

婴儿长大成人之后，"我能够改变事情发展走向"的内心信念像黄金一般珍贵。这种信念使人能够形成健康的自我意识，尤其是自我效能感。相信自己能改变周围的世界，还有什么能比这个信念更好地预防一个人被压力压垮呢？

婴儿处理情绪的能力不是与生俱来的，他是在父母的"镜像"中学会如何面对害怕等情绪的。只有当他看到父母对其害怕、疼痛或者喜悦做出何种反应，他才会知道他自己的各种内心状态意味着什么。

母亲不仅会"反射"出婴儿的情绪，还会发出好听的声音或者将婴儿抱起，疏导他的负面情绪。这样一来，婴儿就会慢慢理解那些杂乱无章的各种躯体感觉和行为，知道它们代表着某种情绪状态，也能在日后更容易形成稳定的自我感觉。

可能造成的后果

如果父母因为过于腼腆、压力过大等原因，在婴儿出生的头一年较少照顾到婴儿，导致婴儿和父母之间无法建立良好的依恋关系，那么这会在将来成为一个疾病的风险因素。孩子可能会有情绪不稳定的问题，或者也可能发展出自恋型人格障碍。而这些正是众多心身问题的根源。

婴儿需要克服恐惧的心理，他害怕周围的事物会将他毁灭，也害怕自我瓦解。如果婴儿没有获得一种原始的信任感，那么他就会对整个世界始终充满着不信任。同样地，婴儿从出生就渴望能自己掌控局势，希望自己是强大的、有价值的，他需要获得认可。如果婴儿时期的不良经历导致了一些相应的问题，心理治疗可以起到一定的作用，帮助你更好地生活。长期的良好的亲密关系也可以修复婴儿时期的创伤，改变你对世界的看法，让你觉得周围的世界是安全的、舒服的。

一岁到两岁：爬行和舔咬的时期

分离

一周岁不到，婴儿就会开始意识到自己是一个独立的个体，虽然和母亲及母亲的乳房有着紧密的联系，但是也可以自己避开她。当他学会了爬行，就可以实现同母亲分离了。虽然还不能搬出去自己住，或者自由地在网络上徜徉，但至少可以独立爬开几米的距离。他也很高兴自己具备了这样的能力，因为（只要依恋关系正常）他确定地知道，就算他爬走了，父母也会把他抱回怀里。

占有

这个时期婴儿把什么都往嘴巴里放，感兴趣的东西就想吃掉，这种行为大概会持续到婴儿满两周岁。弗洛伊德将这个时期称为"口欲期"。在弗洛依德的理论里，把东西放进嘴巴不仅仅表示"想吃"，还表示想占有。口腔作为一个动欲区，在成年人中也用于亲吻和其他性爱游戏。

口欲期在时间上紧跟在全能体验和原初自恋时期之后，婴儿的嘴巴不仅表示需要进食，还表达出对情感照顾的需求。母乳以及后面添加的辅食都要经过嘴巴进入到婴儿体内，所以嘴巴是早期亲密关系的调节器，在人的心理当中占据很重要的地位。

可能造成的后果

如果这一时期没有处理好，可能会成为将来导致厌食症（拒绝进食）或者暴食症（暴食、催吐，总是一会儿想吃东西，一会儿又不想吃东西）的其中一个原因。我们在心身科经常看到肥胖的病人，他们因为缺乏自我价值感，会通过进食并且常常是暴食来使自己平静下来。

另外，这一时期的失败可能会使孩子养成一种不苛求的态度。但这背后其实是缺乏关爱和需求得不到满足的痛苦，抑郁症的人常常都是如此。

两岁到四岁：我只属于我自己

控制

这一时期，婴儿会摆脱对母亲或双亲的依赖。他会发展出较为稳定的自我意识，并且能清楚地区分自己和他人。这一阶段以对肠道的控制能力为特征，所以以前也被称为"肛欲期"。婴儿摆脱尿不湿就意味着他变得更自主了。能够控制括约肌，自主决定什么时候大小便，意味着对自己的身体有了掌控能力，这对于婴儿来说是非常享受的事情。

此时，婴儿就会陷入矛盾之中。一方面自己具备了一定的能力和自主性，另一方面又必须要迎合大人的想法。这就是人们常常说的"叛逆期"。但其实这一阶段对于孩子的内心发展来说是极其重要的。家长说起这个年龄段的孩子的时候，常常表示很烦或者嫌弃。但是对孩子来说，这一时期的强烈叛逆是健康发育的必经之路，应该得到积极的对待。作为大人，把这个阶段熬过去就好了。

自主

对于婴儿的心理发展来说，测试自己的权力边界是很重要的一环，这有助于他获得自主性——儿科医生也可以证明这一点。他会发怒，会不配合，他就是想知道，即使他这样做，妈妈也仍然会爱他。口欲期的孩子是想要被照顾、被保护，到了肛欲期他需要基于自己的想法、通过自己的力量走出去看世界，并且确定自己所做的事情不会遭到父母的拒绝。

可能造成的后果

如果父母受不了孩子发怒,孩子也会感受得到。这会阻碍孩子的发展,他可能会因为缺乏安全感,而不敢去实现自己的愿望。他将来可能会在做决定时犹豫不决,冲突也不敢当面解决,因为他对此没有安全感。其背后的心理原因其实是他担心输给对方。

有些人会朝相反的方向发展。他们不是忽略自己内心的需求,对别人低声下气,而是会变得过于强势。

可能出现的症状有强迫症、胡思乱想、疑病症(总害怕自己生病)等。和其他发育阶段一样,如果矛盾没有得以解决,也可能会造成一些躯体不适。

四到七岁:急需榜样

精神分析学的概念中没有比"俄狄浦斯情结"(也称恋母情结)更幽默、更深入人心的了。(稍年长些的读者可能听说过Loriot[①]的电影《俄狄浦斯》,讲的是主人公和他母亲之间美好的依恋关系。)"压抑""弗洛伊德口误"和"神经症"虽然也是耳熟能详的概念,但是都没有"俄狄浦斯情结"那么精辟,也不像"俄狄浦斯情结"有那么有趣的背景故事。

竞争

俄狄浦斯情结和四到七岁这个发展阶段有什么关系呢?

[①] 即Vicco von Bülow,德国著名演员、导演、作家,Loriot是德国人对他的爱称。——编者注

根据弗洛伊德的俄狄浦斯期理论，这一阶段会影响孩子在家庭和社会群体内的性别认同。这一时期孩子会发现，天天围绕在他周围的人（大多数时候是他的父母），他们之间存在着某种关系，而这种关系是将他排除在外的。弗洛伊德认为，孩子会和父母当中同性别的一方相互竞争，争取异性的一方，直到他意识到爸爸或者妈妈是赶不走的。然后他就会将自己和父母当中同性别的一方视为一类人，把他/她当成自己的榜样，由此为和家庭以外其他的人建立关系做好准备。

扩展：2020年重新审视弗洛伊德的俄狄浦斯情结（Ödipuskomplex）

女孩和母亲竞争父亲称作厄勒克特拉情结（Elektrakomplex）（也称恋父情结）。

弗洛伊德称，同性恋的发育过程当中，对异性父母的认同取代了俄狄浦斯情结，发生了"性心理反向"。弗洛伊德认为同性恋是后天形成的，这种观点在心身医学领域有很大争议。性取向很可能有一部分是天生的。

俄狄浦斯情结理论如今还适用吗？这一理论看起来似乎已经有些过时了，因为它的前提是父母双方都在孩子身边，而现在很多家庭都不满足这一点，所以也就不能说一定会存在俄狄浦斯期。但是这一年龄阶段的确是孩子找到自我认同的重要阶段，情感非常丰富，他必须摆脱对母亲或者父亲的依恋，找到新的相处模式；如果父母双方中有一方缺失，那么就要在家庭之外找到认同的人。重点是要打破二元关系的枷锁，形成一个三元关系，而认同的这个人可以是父亲、母亲，也可以是老师或邻居。

三元关系

恋母情结又称作俄狄浦斯情结，是根据希腊神话中的人物俄狄浦斯命名的。这种竞争理论其实是过于简化和片面的，实际过程事实上要比上文描述的复杂得多。

但是可以确定的是，孩子在这一阶段确实对人与人之间的关系会有新的理解，知道除了二元关系还有其他的关系存在。这一过程叫作"三元化"认知发展。我们成年人都知道三角关系有多难处理，很容易发生冲突和产生消极情绪，因为常常会有一个人感觉遭到了排挤。五六岁的孩子也经常会有这样的感觉，他会感到生气、失望、被孤立。而这正是这一发展阶段的挑战所在，他必须得学会忍受这一切。只要父母之间能保持良好的二元关系，并且能忍受住孩子发的脾气，那么孩子就可以形成他的身份认同，顺利地进入下一阶段。

可能造成的后果

如果这一阶段不愉快，产生了无法解决的情感纠葛，那么孩子就会觉得自己的性别认同有问题，觉得自己不受欢迎，并且将来也会害怕追求异性（或同性）。

后期可能会出现各种心身症状和人际关系障碍。而这些症状常常都意味着身份认同的问题。

比如可能会性冷淡，对伴侣非常依赖，把他/她当作安全的港湾，但是不允许攻击性的性行为破坏他们的关系。也可能会性欲过度，追求性冒险，爱和其他人竞争和吹嘘，只有这样才能维持自己的生活。

七岁之后：所有的时期和经历都很重要！

如果孩子顺利地在同性父母，或者异性父母，或者其他抚养人身上找到了认同，那么他狂躁的情绪就会在六七岁的时候安静下来。

然后就迎来了心理成长的"潜伏期"。潜伏期会持续到青春期到来之前。前不久有一位专家在文章里把这个阶段称为"儿童的黄金年龄段"，我认为非常贴切。进入潜伏期后，孩子的情绪不会再像上一个阶段那样剧烈波动，他会开始寻找自己在这个世界上的位置。和童年早期的破坏性行为不同，潜伏期的孩子做的事情一般是有意义的，他会开始画画、鼓捣东西。他好动，会高兴地蹦来蹦去，兴奋地晃动自己的松动的门牙，直到脱落。他会观察到自己可以做很多事情了，肌肉的力量很强大了，并对此感到无比自豪。

青少年时期

我们大多数人对青春期是感到最亲切的，因为我们对青春期有主观的记忆，那些最美好的或者最激动的场景还历历在目。我们之所以会对青春期有如此深刻的记忆，正是因为它对人的一生来说是至关重要的。

青春期伴随着生理上的性成熟，这时人智力的发展远远超过情感的能力。青春期的人往往感情很脆弱、紧绷，所以就可能出现内心不安，身体不舒服，乃至各种心身症状。

长大

刚成年的时候，面临着要开始一段感情，融入到社会群体当中，自己谋求生计，并且进一步地脱离父母。

这个阶段充满剧烈的变动，人的思维能力和情感能力都会有全新的发展，大脑也会迎来新一轮的成长。恋爱、有性经历之后，人会对自己的身体有一个新的印象。这一阶段，人也会积极吸收社会对于年轻人理想形象的标准，也可能因此诱发一些和身体形象有关的疾病，例如厌食和躯体变形障碍（患者认为自己的身体外表存在缺陷，而事实上他人完全不会注意到）。

成长

读者朋友们，你们是否已经注意到，其实在人生的每个阶段都存在着成长和发展。人的心理和躯体也总是要适应新的环境，持续发展。但是幼年和童年时期的经历会深深地印在我们大脑的边缘系统以及我们心灵当中，构成我们后来的长处和弱点。

人的体验、思维和行为会在童年时期形成一定的模式。这些模式在成人世界也许并不适用，如果一直固守童年的模式，就可能会造成一些问题。你可能已经发现了，发展过程中的所有挑战都在于依恋关系，以及把自己同他人区别开来。同周围人的关系对身体和心理都有着非常重大的影响。虽然说成年之后对依恋的渴望可能不像孩童时期那么原始和明显，但其实人际关系的影响会伴随我们的一生。

扩展：幸福的公式

为了获得一个健康满意的人生，你会对哪几样东西进行投资呢？80%的人都认为声望、事业和财富这三点是最重要的，并且一辈子追求这三样东西。

究竟什么才能真正让人对生活感到满意，怎样的目标才是可以实现的呢？（毕竟不是所有人都会出名和富有。）哈佛大学的"格兰特研究"（Grant Study）和"格鲁克研究"（Glueck Study）对这一问题进行了持续80年的研究。他们从1939年起，对波士顿的数百个人每年进行家访，询问他们的生活情况，并且对他们进行医学检查，其间还将他们的下一代也纳入了研究当中，前后共对700名美国人进行了详细的调查。根据调查的数据和研究对象自身的讲述，科学家们提炼出了"幸福公式"：良好的人际关系会让人更快乐，也更健康。研究得出的结论主要有三点：

一、良好的人际关系可以促进健康，延长寿命。而孤独对于身体来说就相当于毒药。（不仅人的寿命会缩短，而且大脑的功能也可能会更早发生退化。）

二、重要的不是朋友的数量，而是质量。现在Facebook等社交媒体可能把我们引上了错误的道路。糟糕的、冲突不断的婚姻可能还不如单身。50岁的时候拥有最良好人际关系的，到了80岁的时候就是最幸福的那一批人。（这比胆固醇水平要有说服力得多。）

三、良好的人际关系可以保护大脑。如果一个人可以很好地信任他身边的人，那么他到老的时候记忆力就会比较好。有冲突和争吵也没关系，只要知道对方是可以指望的就够了。

研究的结果其实只是证实了我们早就知道的道理。但是人总是希望有捷径。改善关系并不容易，需要我们多和其他人一起尝试新事物，多照顾他人的感受。虽然很难，但想要幸福的话，必须得这么做。

自我认识

我们所能做的第一步，就是从另一个角度审视一下自己。每一个成长阶段都会在我们的神经和心理发育中留下痕迹，我们始终都是那个渴望依恋的孩子，希望建立良好的关系，希望被倾听，被理解。我们也仍然是那个"口欲期"的孩子，想要占有各种东西。我们还是那个"倔强"的孩子，会叛逆，在父母叫你往东的时候偏要往西。我们也是那个争强好胜的孩子，在三元关系中想要赢过别人，也总是迫切地需要一个能帮助我们建立自我认同的榜样。

如果我们现在敢于承认，在外在的表象之下还有很多深层的方面不为人所知，那么就已经迈出了重要的一步。大方地面对自己，矛盾就随他去吧，不要强迫自己，不要对自己有不现实的期待。我们习惯了理智，总觉得什么事情都要符合逻辑，弄清楚才行。但是我们内心那个蹦蹦跳跳的小孩，那个兴致勃勃盼望着长大的小孩，那个失败了就哇哇大哭寻求安慰的小孩，常常都被我们忽略了。如何和我们内心的那个小孩相处，怎样轻松地应对他的各种需求，会在本书的第三部分谈到。

人生道路

> 过去的永不会死去，它甚至并没有过去。但人们却常常认为，过去的已经与我无关了。
>
> ——克里斯塔·沃尔夫

在医学界，乃至整个社会，人们越来越认为过去不重要了。一个人从哪里来，早期的情感在他身上打上了怎样的烙印，他的内心世界是怎样形成的，似乎都不重要，就好像这一切都只是幻象，和现在正在发生着的事情毫无关联。

神经生物学告诉我们，过去的一切都会储存在我们身体里。如果不去看一个人的过去，又怎么会能够了解他的性格呢。我们到底为什么会像克里斯塔·沃尔夫说的那样，认为过去的事情与自己全然无关了呢？

　　下一章我们会讨论到情绪。心身疾病正是由各种复杂的情绪交织而成的。你们会看到，我们的情绪其实很大一部分也是来源于我们的过去，以及我们如何面对自己的过去。过去永远不会放开我们。

情绪为何如此复杂

永远的剑齿虎

我在写这一章的第一版的时候,本来想以一件可怕的事情为例,来描述大脑中情绪活动的生理学基础,但后来又删掉了。我觉得那个例子不足以引入情绪这一庞大的话题。我自己都开始担心会不会讲不清楚感觉到底是什么。

你也许听过剑齿虎的故事,虽然它们早在28000年前就灭绝了,但是它们的故事还常常被人提起。我想借这个例子来说明,感觉是天生的,并且也有它与生俱来的作用。比如说有史以来"害怕"这种感觉就是对生存至关重要的。现在要是有一只剑齿虎站在你面前,你肯定会感到害怕。害怕你就会很自然地想要逃走。此时身体会发生一系列生理反应(例如心跳会加速,为身体输送更多的氧气,呼吸也会加快),为你逃跑或和巨兽搏斗提供所需的能量。看了这个例子之后我们就会知道,如果我们在办公室,或者在北海边度假的时候,躺在沙滩椅上惊恐发作,是没有什么用的,因为我们并没有碰到剑齿虎这样的危险。但是我们可能有难缠的同事,或者要和不友好的沙滩椅老板周旋。在这种情况下,我们常常不能直接逃跑,也很少会发生肢体冲突。

那这种时候，害怕起到什么作用呢？

人的情绪比我们想象的更为复杂

我写完这一章的时候，越来越不确定，我是否真正把困扰患者的情绪问题写清楚了。我写道：刺激通过感觉器官，经过丘脑到达杏仁核（消极情绪处理中心），然后经过海马体，同以前的经验进行比对，最后到达大脑皮层，被我们有意识地感知到。而与此同时，躯体早就在下丘脑和植物神经系统的调节下做出了相应的反应和表情，比如睁大双眼，采取防卫姿势，或者准备逃跑等。

我看似是借由一个具体明了的例子来解释恐惧是如何产生的。但是写完之后我发现，其实有点敷衍读者的嫌疑，因为大家都是这样解释恐惧的，我这么写也只不过是想保证没有什么大的谬误。但同时也意味着我并没有说清楚情绪到底是什么。我写着写着才发现，要写一章关于情绪和情绪同躯体关系的内容，实属不易。于是在我身上也就产生了一种情绪：对失败的恐惧。

我之所以恐惧，是因为过去10到15年神经科学关于情绪有大量新的发现，我不希望别人觉得我所讲的东西已经过时了，同时我也不知道有没有能力将如此庞大的内容囊括到本书的范围当中来。而且我也非常清楚，每个人独特的情绪体验对我们的人生有着决定性的作用。

最终，我的恐惧感促使我重写了这一章，并且随后又进行了一次又一次的重写。后来我决定听从内心，从"情绪"这一庞大的课题里选出一些我觉得最重要的内容来写，而不必保证完整性。

你猜怎么着？我的恐惧感消失了，写作时我感觉自己以某种方式和读者连在了一起，也不会再去想你们会不会批评我了。

情绪很难摆脱

意义和目的

这里我就要真正提到关于情绪的第一个理论了（而不是只说剑齿虎的故事）：情绪是非常有用的，它会告诉我们很多思维无法告诉我们的事情。

比如羞愧的情绪会阻止我们做一些尴尬的事情，或者在网上发一些尴尬的内容。失败之后悲伤的情绪会迫使我们一个人待着，自己花时间去消化这次失败。厌恶情绪也是很有用的：当我们咬下一口苹果，发现里面有一个小虫子时，厌恶的情绪会使我们条件反射式地立马全部吐出来。

情绪产生之后，经常是很难摆脱的，尤其是那些负面情绪。负面情绪的作用是告诉我们需要采取行动了，可能是有什么需要调整、改进，或者是需要我们对情况进行更准确的评估。我写的这一章的第一版不好，是因为剑齿虎虽然已经灭绝了，但是现在大家都知道社会上的排挤和内心的羞耻感对我们的健康有多大的危害。虽然在这些情况下不会条件反射式地逃跑（至少在日常生活中的大多数情况下不可能逃跑），但是我们也可以根据不同的情绪去判断具体情况是怎样的，检查一下需不需要行动和改变。我写作时的恐惧也是有理由的，它提示我，这一章该怎么写我还没想清楚。这种恐惧的情绪还有另外一个作用，就是交际作用。我坦白地告诉了你们我写作时的心理状态，这样你们就能够更加理解我了。

我不敢肯定，透过一本书你们是否能感受到我的情绪，但是在日常的姿态、表情和言语中，坦诚通常都能显著地改善人与人之间的关系，因为坦诚地将自己的情绪表达出来，对方就更能够设身处地地为你着想。并且我们也会更有安全感，能更好地理解我们周遭的人和环境。

适应

情绪在适应过程当中扮演着极其关键的角色。人无时无刻都在调整自己，适应环境的改变。

这里我们讲到的情绪不是个体的情绪，而更多的是人与人之间的关系的一部分，并且总是有两个对立的状态同时出现。例如"我很生气，对方应该看到"，或者"对方很生气，这让我感到害怕"。所以说，（至少在手机出现之前）情绪其实是交际的媒介。另外，现在越来越多的交际通过网络实现，人们发短信，使用WhatsApp等软件，这其实对我们来说是一个新的挑战，因为我们很难感受到对方的情绪，经常要绞尽脑汁地去猜测一条信息到底是带着怎样的情绪。我认识的很多人，他们和另一半的关系都受到了手机的严重阻碍，但是他们仍然不愿意放弃时刻保持联系。

前面我已经提到，我克服了我的恐惧心理，鼓起勇气完全按照我自己的喜好来写这一章，不管神经科学了。情绪就是这样，当你有意识地去感受它、不排斥它的时候，它就会慢慢消退了！情绪其实也只是想完成它的使命，当它的目的达到了，它就会悄悄离开了——当然这是理想状况。

重要的是如何应对各种情绪

虽说喜悦、好奇、恐惧、愤怒、悲伤、厌恶、羞愧、内疚这些基本情绪是每个人从出生开始就有的，但是对于我们的生活来说，重要的其实是如何去应对各种情绪。情绪对于每个人来说都不一样，也没有一种情绪会凭空出现。情绪都是在我们应对它的过程中对我们产生影响的。

宝宝语

一生当中，我们对不同情绪状态的感知，以及我们如何应对各种情绪，都会随着时间发生改变。在出生后的头两三年，婴儿会从他的依恋对象身上学习到某些应对情绪的方法，并且深深地吸收到自己身体里。这是由于大脑在发育过程中尤其容易受到它最先接触到的那些信息的影响。两三岁时，婴儿的情绪可以说还是很原始、冲动的，因此这一阶段抚养人如何应对婴儿的各种情绪非常关键。

大家可能也见到过，有些妈妈跟宝宝用"宝宝语"说话，比如"哒哒""好——呀（好拖得很长），我的小臭屁"。也许你会认为这完全没必要。但妈妈们的这种行为是受到激素影响的，而且也有它的作用。妈妈说话的方式会反映出宝宝的情绪状态。因为这个阶段的婴儿还听不懂话的内容，所以妈妈必须使用语气语调等其他的方式对他的情绪进行反应。而且，妈妈使用的这种语言也可以安抚宝宝，让他知道他很安全。

现在的父母有很多安抚宝宝的手段，每天无时无刻都跟宝宝有很多身体接触。哪怕是在地铁里，或是户口登记处，孩子闹的时候，父母都可以用身体靠近孩子，告诉他我在呢。这其实可以很好地安抚宝宝，消除他的负面情绪。在这个过程中，孩子也能学习如何让自己平静下来，并且能在以后自主地运用这些方法。这一时期，是否能很好地应对各种情绪会让孩子的内心形成一种信任感或者不信任感，而这种信任感或不信任感将会伴随孩子的一生。

依恋对象的引导作用

有研究证实,发生上述过程时,大脑也会发生相应的改变。如果宝宝的情绪能够经常得到安抚,那么大脑的海马体就会发育得比较大。而海马体功能的其中一个就是自我安抚,能很好地进行自我安抚就不容易对情绪有过激的反应。如果在婴儿时期遭遇到暴力或者常常被忽略,那么孩子就会比较紧张,血液中也会有大量的皮质醇,导致海马体缩小,自我安抚的功能减弱。这样的孩子在长大之后可能会被负面情绪所淹没,因为他压根就无法辨认这些情绪是什么。边缘性人格障碍就是这样一种情绪不稳定的疾病。没有安全感的依恋关系也会对身体健康有影响。比如可能影响到免疫系统,提高自身免疫性疾病1型糖尿病的发病概率。另外,整体的抗压能力也会减弱。

从神经科学的角度来说,如果宝宝哭闹,一定要立马进行安抚,而不是随他去闹,因为宝宝这时候还根本没建立自我安抚的能力。如果一直不管宝宝,他可能哭一会儿也就死心了,不哭了。但是自己停下来和被哄好,绝对是两回事。

压抑

从幼儿阶段到成年,还有一点是对情绪非常重要的。那就是,我们会从环境当中学到很多规则,比如我们都听到过"这有什么好怕的呢""这有什么好难过的呢""好哭鬼",还有"印第安人不知道疼痛"[①]。也就是说,我们会在家庭和学校等社会群体里学到,哪些情绪可以表达出来,哪些情绪不合适表现出来,应该要忍住。

---

① 德语谚语,常被父母用来教育孩子忍住疼痛。——译者注

这个社会适应过程可能会导致我们在出现某些情绪时觉得自己好像做错了什么，然后对这些情绪不予理睬。这就为日后的心身疾病埋下了一粒种子。当某种不能被表达的情绪强烈地袭来，而我们无意识地想要逃避它，不想面对。这种情况就可能会诱发某些疾病。我们可能会把情绪引起的躯体表现当作是某种身体疾病的症状，而不管其中的心理因素。这样我们就可以避免去面对这种情绪，然后跑去找医生看"病"。但其实躯体的症状仅仅是情绪的另一种体现而已。门诊中经常碰到病人的某些症状查不出什么生理上的病因，大多数都是这种情况。它被称作"功能性障碍""没有特别原因的身体不适"或者"躯体化障碍"，换句话说就是：医生查不出什么来。

摆脱心身陷阱
第3篇：与情绪有关的常见误区

1. 也许你也曾说过这样的话："他/她让我感到……"但是我想说，情绪是你自己产生的，不是别人让你产生的。我们对某件事情会产生怎样的情绪始终是基于我们自己从前的经验。如果我们把产生某种情绪的原因归结到他人身上，那就麻烦了。我们最好是只陈述事实，可以说"当你说……的时候，我会感到……"。这两种表达效果是很不一样的，对方很可能会很感谢你能这么说，而且也会觉得你没那么凶。

2. 个体心理学家、医生阿尔弗雷德·阿德勒（Alfred Adler，1870—1937）认为，我们不开心是因为我们想要不开心。如果我们有勇气进行改变，活成我们原本想活成的样子，就立马会开心起来了。一个生气大喊大叫的人经常会说，他之所以大喊大叫，是因为他生气。但是阿德勒认为，他是想要通过大喊大叫来获得权力和影响，所以才制造出了生气的情绪。只有这样，他才能达到他的目的，也才能为他的行为找到一个合理的理由。所以我们应该反思一下，也许我们并不是只能任由情绪摆布，而是主动选择的情绪。

3. 我们得知道，情绪并不是绝对真实的，虽然它可能会让你感觉很真实。它就好比是数十年前的冷冻食品，已经解冻过无数次，然后又重新冻起来，味道可能早就变了。我们应该对自己的情绪保持好奇心，但是不要被它骗了，不要认为情绪一定会告诉我们事实是怎样的。

过去和今天的混合体

接下来我要提到的关于情绪的第三个重点是我在写这一章的过程中才想到的。在此之前，我想先总结一下前面提到的两点。

1. 情绪是为了适应当下的生存挑战而产生的。它就像一个指南针一样为我们指引方向，并且也可以帮助我们向周围的人传达我们的内心状态。

2. 我们对情绪的理解以及应对主要受到出生头几年的影响，但童年和青春期也会留下影响。而且，我们所有的经历都会储存在特定的大脑结构里。

看到这里你会不会已经想到了，这两点结合起来，会对我们的生活造成什么问题？或者我来换个问法，如果你要坐火车去某个地方，你是会去看最新的列车时刻表，还是看5年、10年、20年前的？

情绪常常是无意识的

关于情绪我们所需要知道的第三点,也是可以帮助我们更好地应对情绪的一点就是:情绪一方面会在躯体上表现出来,另一方面它也会被我们的心理有意识地感知到。

高速

信号从大脑的情绪中心,也就是边缘系统出发,像闪电一般迅速到达面部肌肉和四肢,(通过大脑皮层)到达控制放松和应激反应的植物性神经系统,同时也到达垂体,使其根据各种情绪分泌相应的激素到血液循环当中。除此之外,还会发生很多其他的神经化学反应,使情绪在几毫秒之内到达身体各处。也许你也有过受到刺激,或者甚至是一想到某件事情之后,身体立马就做出明显反应的经历。

例如在出现恐惧情绪时,肌肉会迅速收缩,眼睛睁大,心跳加快,还会出更多的汗,帮助我们在逃跑时通过皮肤进行降温。身体还会释放大量的氧气和能量,供我们使用。

慢速

但是,恐惧的感觉到达我们意识中的过程就明显慢多了。只有当我们意识到了恐惧,才会知道是什么引起了我们的恐惧反应,是某个人、某个动物,还是某个想法。对情绪有意识地感知有着非常重要的作用:它可以帮助我们对类似的情况做好准备,避免将来出现类似的问题。因此,我们要有意识地去感知情绪,去破译它,而不仅仅是记录下躯体的反应。这对我们消除心身症状有很大帮助,我们后面还会谈到。

情绪防御

现在已经没有剑齿虎了，我们不再生存在野外，而是拥有了文明。在文明社会里，我们有法律、合约和其他各种形式的条约来规范我们的共同生活。这些规约有时是跟情绪相违背的，比如当我们有仇恨和报复心的时候，还是得遵守法律，不能任其自由发展。因此我们的心理就建立了一种防御体系，就像我们躯体也有免疫系统一样。不好的、烦人的情绪会被压抑，被否认，或者被转移到其他的事情上。下面就是一个例子。

如果我在工作中遭遇了不好的对待，但是我又需要这份工资才能生存下去，那么我可能会把所有的不快都压抑住，从有意识转移到无意识里面去。因为毕竟也不能表现出来，那么我只有这样做才能让我稍微放松和舒服一点。情绪（emotion）这个词本来的含义是"流出来"。也就是说，不悦和恐惧就像水一样，一旦流出来就会淹没我们。但如今我们生活中常常不能让情绪流出，所以心理就会采取防御的办法来进行调节。

第一个可能出问题的点：防御通常都是基于反射，也就是精神分析学里所说的焦虑反射、内疚反射或羞愧反射。如果你对上司很生气，恨不得把所有的不满全都一吐为快，这时候你的身体可能已经悄悄地发生了内疚反射。（如果你真的说出来的话，就会被炒鱿鱼了，你的家人就会因为你而付不起房租，所以你就会感到非常内疚。）虽然你把上司的怒火转移到了无意识里，已经不觉得生气了，但是可能还是会有一种淡淡的内疚感存在在你的体内。这一系列的情绪带在身上可不是像首饰一样戴着玩的，而是可能会影响你很长一段时间。

第二个可能出问题的点：躯体反应会持续很长的时间。多亏了心理防御机制，自动将不好的情绪屏蔽掉，不过所有的事情都是有代价的，情绪虽然被屏蔽掉了，可是情绪引起的躯体反应却仍然存在。麻烦的是，我们不知道出汗、发抖这些躯体反应是由什么造成的，而只是会注意到这些令人不安的症状，从而感到十分担心。当你开始担心这些症状，就会更加忽略原本的情绪本身。这时候情绪就起不到指南针的作用了，而你还蒙在鼓里。

如果我没能意识到，我内心的恐惧是因为写作"情绪"这一章对我来说太难了。那么哪怕我的躯体不适持续很长时间，我也始终不知道它是由什么原因引起的，也就没办法进行调整，也不可能以一种我自己舒服的方式把这一章写出来了。

扩展：防御机制——我们的心理如何进行自我保护

心理的主要功能和免疫系统一样，就是抵御入侵者。对于心理来说，入侵的不是细胞和病毒，而是不良情绪。当你的某些念头、冲动违背了你内心的准则，或者你从小一直坚信的信念，那么就会造成你内心的紧张和矛盾，使你产生不良情绪。心理防御机制虽然能帮助我们抵御不良情绪，但是我们也会为此付出代价。因为这些心理防御机制会使我们对世界以及对我们自己的感知变得不那么真实。

下面举几个常见的无意识中防御机制的例子：

投射：把自己所不能接受的性格、特征、态度、意念和欲望等转移到别人身上，指责别人这种性格的恶劣及批评别人这种态度和意念的不当，以此来划清界限。（"我要是像他这么懒的话……"）

合理化：用看似合理的解释来为自己的行为辩护，而完全不考虑恐惧不安等情绪因素。

指向自己：把对他人的消极情绪转为针对自己。"我真傻呀，居然准时来。我早就知道你经常晚到的。"

　　转移：因为害怕伴侣离开自己，而把对他/她的强烈情绪转移到邻居身上，以此来保护自己。因为跟邻居怎么发火都没关系（你的伴侣甚至可能会跟你一起去骂邻居呢）。

　　退行：指个体在出现难以应对的消极情绪时，表现出与其年龄不相称的幼稚行为反应，倒退回以前的某种心理发展水平。例如表现出反抗、拒绝、逃避，甚至会出现心悸、腹痛等躯体和心身症状，就像婴儿学会说话之前一样。

　　升华：这是一种我们每个人都会使用的防御机制。它是指将一些不好的想法例如性欲、攻击等进行升华，升华成社会和文化所能接受的行为。我们大家都知道怎样用一些替代性的方法来满足自己内心的需求。比如演员可以在舞台上做他生活中不能做的事情，电脑游戏设计师可以设计射击游戏，来满足自己的暴力冲动。

财富 vs 包袱

　　情绪有它自身的魅力。正是因为有了各种情绪，我们的生活才有了生气，我们的内心世界才会如此丰富多彩。

　　我经常会被患者问到这样的问题："治疗之后，我的恐惧、悲伤和羞耻情绪是不是真的消失了？"我的回答是："绝对不是。"因为情绪本身压根就不是问题所在，它对我们来说是有益处的！重点是我们要学会如何和情绪相处，要学会享受喜悦、自豪和爱，也要学会忍耐恐惧、悲伤、羞耻和愧疚，弄清楚它们到底想要告诉我们什么。

　　我们在面对某些人和事时所产生的情绪，也许一开始是有益的，对我们起到保护作用，但是后来可能就不再是这样了，这就会造成一些问题。

如果孩子小的时候没有得到足够的关心，或者甚至遭到了殴打，那么他成年之后就会容易对人际关系感到害怕和不信任，哪怕其他人其实是对他好的。如果一个人小时候有被羞辱的经历，那他长大之后很可能也不敢向别人展示自己好的一面。所以说，以前的经历对现在影响过大的话，可能会是个问题。

另外，情绪可能被防御机制转移到了无意识里了。这时你也许暂时感觉不到负面情绪的存在了，但是躯体的不适症状仍然时时提醒着我们，一定有些什么不对劲。

如何更好地应对情绪

要想更好地应对情绪，首先要搞清楚，我们的情绪目前有什么问题。

有时候我们只需要有意识地允许更多负面情绪的存在就够了。（不要总是对自己说"你没理由生气呀！"）我们完全可以允许自己有愤怒、不满、贪婪的情绪，或者是性冲动，我们只需要在心里想一想就行了，而不一定非要付诸行动。很多时候我们的这些想法都不可能付诸行动，因为会吓到身边的人，或者影响到我们之间的关系。

但是，我们可以学会忍耐，不需要一出现负面情绪就自动启动心理防御机制将其驱散。我们必须要承认，我们不是完美的人，而是有着所有一切情绪的人，当然也会有不好的情绪。有时我们可以借助运动来抒发情绪，比如生气的时候跺跺脚，开心的时候举起手、跳几下。

我不准备在这本书里过多地劝大家去做心理治疗。虽然心理治疗对于有些疾病是必要的，但很多时候它的作用都被夸大了，很多人一有情绪问题就去看心理医生。不过我还是要说，如果你愤怒、困惑和恐惧的情绪实在无法忍受，严重到想要伤害自己和其他人的程度了，就一定要去看家庭医生或者心理治疗师。有些时候，实在是感到很痛苦的话，确实需要一个倾听的对象，或者是借助药物来让自己好起来。很多幼年时期的问题都可以通过专业的治疗予以解决。

情绪的范围

"你现在开心一下！"这种祈使句根本就行不通。像喜悦这种情绪，它来了就来了，没法强求。但是，当它来了的时候，我们应该要享受和珍惜，要感受当下，而不是急着追赶下一个欢乐的时刻，或是停留在过去的回忆里。我们要学会在当下中感受快乐。各种广告总是告诉我们，我们必须得拥有什么或者买点什么，将来才会快乐。你可别被骗了，毕竟如果人人都知道快乐来源于当下，那些人就赚不到钱了。

悲伤的情绪可以帮助我们在经历了挫折或者失败以后，给自己一点时间，重新进行调整。如今大家生活节奏越来越快，但是心理的修复是需要时间的！另外，悲伤有多强烈、会持续多久，每个人情况都不一样。小孩子悲伤的时候就跟成人很不一样，他们一会儿在悲伤的情绪里，一会儿又完全正常，经常让大人感到不解。家里有人不开心，你不一定非得跟着不开心，那样压力太大了。悲伤真的对于每个人来说都是很不一样的。

自豪是怎么样的呢？你会对什么感到自豪？谁又为你感到骄傲呢？请你稍微花点时间想想这几个问题。在我们的文化里，有些正面情绪不太受欢迎，虽然它们其实对我们的健康非常有好处。现在请你把自己想象成一个骄傲的人：请你站直，你的皮肤供血充足，你感到很温暖、有力量、有生机。你就应该这样,因为你肯定会很多东西,也肯定为他人做过有价值的事。现在开始,做骄傲的自己吧!

身心关联

前一章我们已经提到，情绪其实是好的。情绪可以告诉我们，我们对他人有什么感觉，并且我们也可以就情绪同他人进行交流。可惜有时候原始的情绪没有被我们感知到，从而也就无法起到它原本的作用。这些没有被我们感知到的情绪，不仅无法起到它应该起到的作用，而且还可能会对我们的机体造成不良的影响，甚至导致很多不同的疾病。

心理问题可能转化为躯体不适。弗洛伊德是现代首先关注到这一现象的医生之一，并且对其进行了细致的研究。弗洛伊德观察到，心理的矛盾和一些无意识的情绪会转化为明显的躯体症状，而患者自身可能丝毫没有意识到。

我在生活中被问到最多的就是这类问题。比如在朋友的聚会上，会有人悄悄问我："对了，你是搞心身医学的。你说说看，心理的不舒服怎么就跑到身上去了呢？这真的可能吗？"

过去20年，医生们为这个问题找到了一些解释。不过医生在试图进行解释时，总是从自己的思想观念出发，带有一定的主观色彩。虽然他们的说法五花八门，但是也都有一定的共同点。其中的一些解释得到了神经生物学研究的证实,有理有据。还有一些是较为理论性的,但是也对心理咨询中关于身心关系的探讨十分有帮助。

要提高自身的心身健康水平,尤为重要的一点是要搞清楚情绪是如何进入到我们身体里的。我们首先来看看六个已经得到证实的身心关联通路。

心、身、脑之间的六条通路

人体内的光纤——植物神经系统

植物神经系统分布于整个人体,从脑干、脊髓,到胸腔和腹腔的各个内脏器官,一直延伸到皮肤和感觉系统。其中有几个神经节起到类似配电箱的作用,对信息进行分配和传递。信号在植物神经系统内的传递速度飞快,一点也不亚于电信网络。植物神经系统内传递的主要是一个信息:身体是要保持安静状态,还是要采取警戒状态。虽然严格来说它只有这两个功能,但是信号传递得如此之快,在大脑(前额叶皮层)还没有意识到之前身体就已经做出反应了。

为了很好地完成其调节功能,植物神经系统分为交感神经(警戒系统)和副交感神经(放松系统)。正常情况下,交感神经和副交感神经处于相互平衡的状态。但是当人长期受到某种想法、情绪或者精神负担的压力,就有可以引起交感神经的持续兴奋,这也就意味着身体持续处于警戒的状态。

20世纪90年代,还没有太多人关注到情绪和内在原因对身体的影响。因此,当时交感神经出现问题时,医生常常说"植物神经不平衡"或者"张力障碍",也就相当于是说植物神经系统失去了平衡。现在我们知道了,植物神经系统主要是和心理有关联的。植物神经系统连接的边缘系统和脑干，记录着危险、激动的事件和安全的环境，并且可以迅速将身体调节到相应的模式，而完全不需要语言的参与。

你可能有过这样的经历：你处在一个无比放松的环境，一个人在家里，有大把的空闲时间，没有什么事，不用应付任何人。这时候你的肠道发出了清楚的信号，你可以好好上个厕所了。这就是一个身体和心理之间通过植物神经系统进行交流的例子，信号从心理传递到肠道，而且走的是副交感神经通路，也就是植物神经系统中负责"放松"的那一部分。

远程控制——运动神经系统

请你将左手举起，吹一下口哨，然后跺一下右脚。请将眼睛紧紧闭起来，最后再用右手食指摸一下你的鼻尖。太棒了！你身体的远程控制系统运转正常。身体不是通过"天线"接收无线信号，而是靠"电缆"传递信号的。电刺激从大脑皮层（大脑的外层部分）的运动区域穿过大脑和脊髓，通过运动神经通路到达相应的肌肉。

对躯体进行无意识自动调节的基底神经节和小脑可以使躯体在空间中保持稳定。我们必须要区分有意识的运动和无意识的运动，也就是我们主动想要去做的动作和躯体的自动协调机制。躯体的自动协调是通过反射弧完成的，有了它，我们就不需要一直有意识地去控制，身体就可以站稳。

你也许记得著名的膝跳反射实验。医生用小锤叩击髌骨下方的膝腱，小腿会不自主地向上抬。这一反射可以让我们身体保持站立。小脑的作用是对动作进行协调。当我们喝多酒的时候就知道没有小脑会怎么样了：我们的动作会不受控制。

心理和情绪状态也可能会对我们用力的大小和肌肉运动的方式

产生影响。我们会在愤怒时攥紧拳头，或者在进行激烈的争辩后感到全身紧绷。在这些情况下，肌肉的紧绷完全是无意识的，不是我们主动想要去做的。当我们吃到可能有毒的事物时，会感到恶心，不自主地呕吐，这一肌肉运动也是无意识的，并且一定程度上受到情绪的影响。

管道传送——内分泌系统

内分泌系统中，我们关注的是血管，也就是动脉和静脉。人体内血管构成的网络就像20世纪70年代的气动管道传输系统一样。皮质醇这种激素是内分泌系统最重要的物质之一。

我们来设想这样一个情景，大脑接收到信息说出现了一个新的、意外的情况。情绪控制中心就会发出信号，告诉身体要做出反应了，包括暂时关闭免疫系统并释放葡萄糖，以便快速提供能量。信号从大脑边缘系统传递到下丘脑，下丘脑又通过自己的管道通信系统（分泌促肾上腺皮质激素释放激素）将信号传给垂体。垂体是脑内一个豌豆大小的腺体。笛卡尔就曾断言，在这一地方会产生心身交感。

垂体在接收到促肾上腺皮质激素释放激素的信号后，释放促肾上腺皮质激素，到达肾上腺。肾上腺位于肾脏上方，它就好像身体的药房一样。它不仅可以分泌肾上腺素和去甲肾上腺素，还可以分泌皮质醇（这几种激素都是神经递质，也都是和压力有关的激素）。皮质醇会进入整个血液循环，到达所有的器官。皮质醇的作用是使身体处于应激状态，提高能量的供应，并降低免疫系统不必要的消耗（安静状态时，免疫系统需要一定的能量以维持正常运转）。

摆脱心身陷阱
第4篇：不要什么都怪到"压力"头上

这些联结心身的交流体系也可能会受到疾病的侵袭。但是人有时候自己也不清楚躯体的压力到底是心理反应导致的还是信号传递过程中的故障导致的，也就是说是躯体本身的问题。比如上文已经提到，垂体可以分泌促肾上腺皮质激素，让肾上腺向全身发送警告信号。但是垂体可能会长一种良性肿瘤，即脑垂体腺瘤。腺瘤会导致促肾上腺皮质激素分泌过多，肾上腺持续分泌皮质醇。这就可能导致体脂增加、肌肉力量减退、焦虑、抑郁、高血压、糖尿病、骨质疏松等一系列问题。

这个例子清楚地告诉我们，当躯体和心理发生一些不明原因的改变时，不要草率地把一切都归为心理的问题，因为管道传输系统也完全可能会送错信。

无声的邮局——免疫系统

我们前面提到的压力激素皮质醇一旦到达免疫系统，就会立刻限制很多免疫防御的功能。但是它似乎也会刺激一部分的免疫功能。但是，当发生这一过程时，我们自身可能很长时间都不会觉察到任何异常，所以我将作为心身之间沟通的路径的免疫系统称为无声的邮局。

焦虑、烦恼和孤独等心理状态会削弱免疫系统。持续的压力也会使人体对疾病的防御能力减弱。在急性压力情况下，交感神经的兴奋可能会使炎症反应和免疫防御暂时性地增强。你们可能也有过这种经历，在重要的事情（比如一场重要的考试或者一次期待已久的度假）

之前，绝对不允许自己生病，这时候通常也很少会生病。

相反，免疫系统也会对大脑和心理造成影响。在身体发生感染时，例如患普通感冒时，免疫细胞会分泌白细胞介素这种信号物质，它会使大脑产生生病的感觉，包括发烧、疲倦、食欲不振等，甚至会心情抑郁。

增强免疫系统最有效的方法包括拥抱和亲吻，研究证实它们可以增强人体对疾病的免疫能力。对于不喜欢健康饮食的人来说，这可能是增强免疫力很好的方法。

蜗牛邮局——遗传学和表观遗传学

人体还有一种极其缓慢的信号传递路径，就是通过遗传。遗传学是生物学的一个分支学科，它研究的是遗传信息的载体DNA，以及基因如何控制遗传信息的表达。对于基因变异如何引发疾病以及基因如何（将其编码的特征）遗传给后代等问题，遗传学已经有很多深入的研究。

表观遗传学也越来越受到大家的关注。表观遗传学研究的是，在基因序列不发生改变的情况下，它所携带的遗传信息受环境影响表达水平发生的改变。DNA所携带的遗传信息，在不同环境条件下，可能表达，也可能不表达。这是因为DNA发生了一种叫作甲基化的化学变化。只有当基因正常表达时，它的性状才能够表现出来。如果基因的表达受阻，比如控制细胞分裂的基因表达受阻，就可能会很危险。相反，如果不该激活的基因被激活，也可能会造成不好的影响，人们怀疑这种情况会引发某些疾病。环境污染、营养摄入、药物和压力都可能会对基因的表面造成影响，改变基因的"开"或"关"。因此，我们的生活方式、人际关系和饮食习惯成为了我们遗传信息的一部分。

尤其是童年早期的创伤经历，会对大脑里面的杏仁核产生影响，决定一些基因是否表达，在孩子生理和心灵上留下真正的疤痕。长大之后，在遇到压力时，疤痕处可能会重新裂开，引发疾病。这种改变是否会遗传，还没有最终的定论。

例如NR3C1基因编码着糖皮质激素受体对压力激素的敏感性。目前有证据表明，表观遗传学的信息是可逆的，可以通过心理治疗帮助患者建立安全的亲密关系，从而增强他的抵抗能力。很多情况下，很难说某种疾病到底是基因决定的，还是心灵创伤或有害的关系体验等环境因素造成的，或者我们只能说两方面的原因都有。

返回系统

大脑不停地向机体发送各种信息，同时大脑和心理也在不停地接收信息。信息可以通过上面提到的五种交流渠道输送而来，也可能是我们的五种感官（视觉、听觉、触觉、嗅觉和味觉）收集到的信息。本体感觉系统也具有特殊的重要性，它是指对身体各部位所处位置和运动状态等的感觉。另外我们还可以通过敏感的神经感觉到身体内部的各种状态，比如疼痛、心跳以及肌肉的状态等。

在返回系统中，最重要的是我们如何"评判"这些接收到的信息。在无意识的状态下，大脑边缘系统始终在工作，将接收到的信息同我们的情绪记忆进行比对。大脑唤醒某种情绪记忆，就意味着对接收到的信号进行判断。如果它代表着危险，就要触发恐惧等情绪，使人体做出改变。

当身体发生炎症反应时，例如患流感时，细胞因子和白细胞三烯等炎症信号会传到大脑，告诉大脑"现在要开启保护机制，所有的力量都用于免疫系统，不要在肌肉上浪费能量"。

后面我们会详细讲到，在抑郁症等很多心身疾病中，正是体内的这些炎症信号会使人感到浑身乏力（参见第二部分"抑郁"一章）。

在了解了六种躯体和心理之间交流信息的渠道之后，我们再来看看心身医学中对临床疾病进行解释的几种理论。这些理论之间有共同点，也有不同点，但并不相互矛盾。它们只是代表了不同的模型，针对病人不同的情况适用的程度有高有低。

为什么要学会让自己关机——压力模型

对于很多人来说，压力已经成为了日常生活中的一部分，可能你也是。但压力到底是什么呢？从我作为医生的角度来说，压力不等于忙碌，并不是有很多事情要做就是压力大。就我而言，压力是机体的一种特殊反应。

适应

压力是人体内非常大规模的反应过程，其目的是使人体尽可能地适应各种任务和挑战。

比如说晚上6点有人要到你家吃晚饭，而你前一天晚上只睡了5个小时。现在已经下午3点了，你还要去买菜、收拾和做晚饭，准时微笑迎接客人。这时候你的身体里就会发生一系列的反应。你甚至都不用一直想着晚上的事，你的身体就会自己根据以往的经验做出反应。这种情况会怎么样、需要多少能量其实都储存在你的大脑的边缘系统里了，而边缘系统是不需要借助语言进行工作的。

身体知道在什么情况下，需要做出什么反应，这种隐性的知识又被称作"身体记忆"。不需要你有意识地参与，身体就会自行（通过植物神经系统、运动神经系统、免疫系统和内分泌系统）将这些信息传递到身体各处。身体会做出相应的反应，比如通常是收缩肌肉、忍住便意，因为这种情况下没有时间进行不必要的放松，也不能有任何的中断。3个小时的时间要弄出一顿晚饭，全身上下都需要氧气。这也就意味着心跳会加速，血压会升高，将更多富含氧气的血红细胞送往肌肉和器官。

你会有一种紧张感，好像浑身都充满了电。压力的特殊之处就在于，在有些情况下，压力是完全正常的反应，并且也是必要的。在运动的时候身体也会产生压力反应，这也是一种适应更高要求的过程。

但是，当日常生活中这种适应过程一个接着一个，没有间隔，让人没办法安静下来恢复到平常状态的话，那么压力就有害处了。这时人体会一直处于加压状态，不能降下来。而人体是需要回到平常状态才能进行恢复和再生的。因为身体一直都没有休息时间，不能进行"保养"和"上油"，所以早晚有一天会"磨损"，造成不可修复的损伤。

持续警报

加拿大籍奥地利医学家汉斯·塞利（Hans Selye）是压力研究之父。是他将压力这一概念带进了人们视野，使原本由"机器人"模型主导的医学界注意到了压力对人的重要影响。他认为，通过压力，人体应该要重新达到一种平衡状态，所以说压力是一种适应过程。如果在紧张忙碌的晚餐过后，又立刻有什么新的挑战需要适应，那么"报警反应"仍然没有减弱，身体就会进入抵抗期。在这一阶段，要么压力被彻底清除，要么身体会进行调整，以适应新的压力水平。如果这些都失败了，就会导致慢性压力综合征（我们当中肯定有很多人都知道）。随之而来的就是衰竭期，这时身体会遭到持续性的损伤，人也就会生病了。

空转

如果一直休息、度假，再也不邀请人到家里来吃饭，又会如何呢？

首先肯定要搞清楚，身体现在已经加到多大马力了。压力和吸烟一样，过量就会对人体有危害。而且，也不能让身体长期处于压力值的边缘，而应该让它有时间能彻底休息。长期压力较大的话，身体就会进入抵抗期。典型的表现有：容易生气、失眠、抵抗力下降、出现感情危机、无欲无求、怀疑一切事情的价值以及对很多事情都没感觉。这时可以到空气清新的地方做做运动，自己做一顿饭，一个人安静地享受美食，或者做些别的可以让你感到熟悉和舒服的事情，比如说泡个热水澡，或者听听音乐。要允许自己什么都不干，让身体空转一会儿。

你的薄弱环节在哪里："器官选择"

心身医学家弗朗茨·亚历山大（Franz Alexander）1950年曾提出七种由内心的矛盾和情绪导致的疾病，它们是：哮喘、胃溃疡、风湿、神经性皮炎、高血压、甲亢（Basedow病）、克罗恩病[①]和溃疡性结肠炎。

基于亚历山大的观点，心身医学界一直到20世纪70年代都认为哮喘是因为孩子小时候喊妈妈，而妈妈没有听见而造成的。亚历山大认为，患哮喘的孩子通常情感上受到了忽略，内心非常绝望，这种绝望

---

① 一种原因不明的肠道炎症性疾病。——译者注

通过哮喘的方式表现了出来。

如今人们已经摒弃了这种观点，不再认为某一器官受到疾病的侵袭和某种情绪有必然联系。童年的遭遇和器质性疾病之间没有清楚的联系。那么到底哪个器官最容易受到心身疾病的侵袭呢？

预定断裂点

我们假设有一个人，长期压力很大，他的身体持续处于报警状态。这种情况下，是心脏、肠道还是皮肤会生病呢？

这其实是一个"躯体迎合"的问题，最初的模型是由弗洛伊德提出的，后人又对其进行了发展和改进。一方面心理的紧张感会通过皮质醇、肾上腺素和去甲肾上腺素的分泌反应到躯体上；另一方面躯体也会形成一个"预定断裂点"，来应对这一心理问题，从而把问题从心理转移到躯体上。那么，这样一个"预定断裂点"是如何形成的呢？

这通常跟小时候的病史有关。如果一个人幼年时得过很严重的神经性皮炎，那么他长大之后受到压力时就比较容易反应在皮肤上。心理的无意识层面和人体免疫系统都会把这个断裂点记下来。断裂点的来源还有一种可能性，那就是事故，比如一个摔断过手臂的人，在受到压力时手臂的肌肉就会反应特别强烈，引起疼痛。一方面脑子里的记忆"这里原来受过伤"会影响肌肉的控制，另一方面肌肉的运动也会影响大脑的感知。受过伤的区域再受到疼痛刺激时，大脑会对它的报警信号极其敏感，并且也会反应得更快、更强烈。

角色分配

对于心身疾病会侵袭人体的哪个器官，精神分析学中还有一种说法，叫作"分配"，也就是说一个人在生命中主观地给某个器官"分配"了什么角色。我的意思是说，基于一个人的经历，在他心里，各个器官被赋予了某种意义和特征。

如果一个人的母亲，碰到事情总是会头疼，那么头这一身体区域就被赋予了这样一个角色。在碰到压力时，头部会产生疼痛发出提示，提醒你可能需要到黑暗安静的环境中休息。人们也可能将幼年时期依恋对象的器官分配方式复刻到自己身上。

有益健康的做法

我们应该如何面对自己心理和生理上的弱点呢？首先最重要的一步就是我们要搞清楚自己的弱点在哪里，并且认识到为什么后背、胃部或者心脏会是我们的弱点所在。在思考这个问题的过程中，不要被理智束缚住，不要去管这在医学上怎么说得通，只要去听从自己内心的感受和想象就可以了，要允许自己天马行空的想法。

如果你已经知道了自己的容易受伤的区域在哪里，那么就要承认它、接受它，而不要企图去压制它。只有当我们真正接受自己的特点，才能很好地去面对自己的问题。

下一步就是，进行护理，饱含着爱进行护理。我的意思是说，对弱点区域（它也是你身体的一部分）要尤其注意和关心。这听起来可能有点奇怪，但是谁不想好好爱护自己的身体呢？我曾经在一个医院工作的时候，那里的心脏病患者会每天给胸口（也就是心脏外侧的区域）涂抹乳霜，这对他们很有益处。我们小时候都有这种经历，肚子咕噜叫不舒服的时候，大人会把热水瓶放在我们的肚子上，或者划了一个小口子就给我们贴上大大的创可贴。这样做确实是有好处的，因为这表示我们在受伤之后得到了关注和照顾。而这种关注和照顾对于每个人和每个受伤的部位来说，都是可以起到治愈作用的。随着人慢慢长大，虽然逐渐形成了坚强的外壳，但是内心对于关爱的需求其实并不会减少。

象征意义

要理解疾病的症状怎样从心理"跳"到身体上，就一定要能够明白，物质世界的东西，包括各种物品和人体的各部位都有其抽象和象征意义。让我来举个例子说明这一点。我女儿六岁的时候有一次感到伤心欲绝，因为她不小心打碎了四岁生日时爷爷送给她的手绘盘子。她大哭，完全呆了，心爱的盘子怎么就碎成了三片呢。我想都没想就直接拿起速干胶把盘子粘了起来。虽然盘子因为摔掉了一些小的碎片已经没法完美地拼接起来了，但是我女儿对这个不完美的成品却十分满意，心情立马就好起来了。我的理解是，她感到自己又完整了。她心爱的这个盘子不仅仅是一个盘子，而是代表着更多的东西。盘子碎了对她来说也远比盘子本身碎了要严重。

其实我们成年人也是有这种象征性思维的，但是我们对物体背后的象征意义不会有这么强烈的感知，而是倾向于关注物体的表面特征。我们可能会说："这不就是一个盘子嘛。"但是我们的身体器官和部位会带有我们的早期经历赋予它们的象征意义，所以各个部位会对某些特定的刺激极其敏感，从而引发心身疾病的症状。

肢体语言：转换假说

转换假说最初是由神经学家弗洛伊德和内科医生约瑟夫·布罗伊尔（Josef Breuer）在1895年提出的，他们当时想建立一个模型来解释心理的紧张和矛盾如何转移到躯体上表现出来。

心身医学领域有很多古老的、看似过时的理论和现代研究的结果是吻合的。虽然有时候我们用一些新的词汇来表达，但是所说的内容其实早就存在了。

分裂

　　"分离性运动障碍"就是一个很好的例子。患分离性运动障碍的人，他的意识中有一部分是分裂的。这其实是一种自我保护机制，保护精神免受过激情绪的侵害。

　　但是由于心理的能量还是要通过躯体表面抒发出来，所以在意识中被分裂的激烈情绪会转变成一种看似神经性的躯体症状。这些症状是由大脑皮层的运动中枢（远程控制）和情绪记忆中心（主要是无意识地）共同引发的。也就是说，看起来神经性的症状其实并不是神经性的（不是由神经疾病引起的），而是心理通过运动神经（通常是控制手臂、腿部和脸部表情的运动）进行的一种表达，代表的是一种无法承受的念头、感觉或者是某个承受不了的创伤。我可以举一个具体的例子：心理原因引起的失声。有的人可能在听到令人震惊的秘密之后，发不出声音了，无法控制声带肌肉运动了。

表达疾病

　　弗洛伊德和布罗伊尔1895年所说的"转换神经症"（Konversionsneurose）描述的就是这一过程。Konversion（来源于拉丁语conversio，意为"翻转、转变"）指的是心理表达转变为一种躯体表达。Neurose（来源于古希腊语neuron，意为"神经"）是指由于矛盾的思想、情绪或愿望引起的心理失调。

　　后面我会从我做心理治疗的经验中举一个典型的例子。其实情绪转变为躯体表达这一观点现在仍然是适用的，并且关于这一问题未来也会有更多的研究。有一篇综述性的文章很好地说明了在"不明原因的"神经症性反应中，情绪是很重要的一个因素。那些在情绪的感知和语言表达方面有困难的人，尤其容易在情绪记忆和运动中枢的共同调节下通过躯体肌肉运动来进行表达。著名的心身医学家图雷·冯·魏克斯库尔（Thure von Uexküll）将这种疾病称为"表达疾病"，因为很明显这些患者的问题就在于表达，他们只能用躯体症状作为语言向周围的人表达他们内心的矛盾。

自力更生

我还清楚地记得，我在心身诊所当住院医生时，从神经科转来一个亲切友好的女病人。艾莉卡是坐着轮椅来的。神经科和内科的各种检查都解释不了她腿部的麻痹问题。她即将退休了，不能行走对她来说似乎也没什么太大的影响，反而是她周围的人反应比较强烈。她的前男友每天都来看她，一待就是好几个小时，他会推着艾莉卡去咖啡馆，和她聊很久的天。连她很久没联系了的姐姐也来看她了。艾莉卡很享受和护士之间的谈话，对护士很友好，也常常表达感谢。在团体治疗时，她很投入，总是在别人有问题时提供帮助。

当我把艾莉卡推进我的诊室，要和她进行单独谈话时，我很紧张（那时候我还很年轻，也没什么经验），担心没办法很快找出病因并提出治疗方案。艾莉卡一直安慰我，她担心着和我完全不同的事情：她不想很快出院。她跟我解释说轮椅在家不方便，我也很理解。

在我们的谈话中，艾莉卡讲述了她童年的遭遇。她比姐姐小很多，原本父母不准备再要孩子了，她的到来给父母带来了很大的经济压力。她父母本来就成天为了钱而发愁，没钱的时候老是喝得醉醺醺的。她不得不很早就"自力更生",她跟我说道。她一生中的几任男朋友都给了她很大的支持,门卫的工作她也很喜欢。最后一段感情对她来说尤为特别,她从来没有感到如此地被接受和珍惜。她说:"米迦总是不用我开口就知道我想说什么。"

在她双腿麻痹前几个星期,米迦提出分手。她不得不接受这件事。63岁生日那天,她邀请了自己的姐姐、米迦还有其他几个朋友到家里庆祝,但是所有人都有事不能来,只有她一个人孤零零地坐在家里。当天她就双腿麻痹送到急诊了。她先是被收到神经外科,然后转到神经内科,然后又转到了心身科。虽然她表面上看起来接受了和米迦的分手,但是她双腿麻痹的躯体症状可能代表着她内心并不想"自力更生",靠自己站起来,一个人生活。

这里我必须要说清楚,这只是我对艾莉卡病情的一种解释。一种理论在患者身上是否适用,最终取决于患者自己是否能理解和接受它。

4周后,艾莉卡坐着轮椅出院了。碰到轮椅不好过去的地方,她也能稍微走一走了。她更多的是关注自己生病带来的好的一面,比如说有这么多人陪在她身边。她开始学会用语言和动作告诉别人她需要帮助,也常常邀请别人到自己身边来。她不用再"靠自己站起来",不用什么都自己扛了。

对于医生来说,处理这类疾病是很有挑战性的。要对患者的躯体进行详细的检查,同时又要在交谈中涉及患者心理方面,把所有可能导致疾病的原因都考虑进来。

艾莉卡的症状表现是具有象征意义的,我们从中可以看出她对她身边的人有什么愿望和要求。但是,只有当艾莉卡可以利用我们的这些解释作出改变,这种理论分析才是有意义的。分析要能帮助揭示患者没有意识到的那些事情，这样他才可以不借助躯体象征，而是使用正常的方式进行表达。值得注意的是，躯体的疾病症状其实是对心理有保护作用的。艾莉卡得病其实换个角度说也是一种自我保护，让自己不至于变得更加孤独和绝望。她的其他心理防御体系可能都已经过载了，所以只能采取这种方式。

心理的冲动也可以转变成肌肉的运动，而且完全不受控制，狂笑不止就是一个典型的例子。我相信你们肯定也有过类似的经历。就在昨天晚上（又）发生了一件令我恼火的事情。我儿子在吃晚饭时拿着一块奶酪玩来玩去，还放到脸上。我很生气，因为我可不想大晚上的还要给他从头到脚洗一遍。可我却笑得停不下来，虽然我其实并不想笑。多奇怪呀！我体内成人的那一面告诉我要理智，但是我的横膈膜和呼吸肌却表现出默许，并且还觉得我儿子的做法很有意思。所以有时候潜意识里的想法会通过肌肉运动表达出来，而不受我们的主观控制。

身体能感觉到我们所感觉不到的东西——躯体化过程

被我们无意识地压制下去的情绪还可能通过另外一种方式从躯体上表现出来。它叫作躯体化（Somatisierung，古希腊语soma=身体、躯体）。它的意思是说，心理上的负担会反应到某个器官或身体部位上，使它发生故障。这种疾病在心身临床上被称作"躯体形式障碍"。

可能你也曾经有过某种症状，或者至少是某个器官暂时性地出现了一点问题。出现问题的可能是心脏、肠道、皮肤、胃部或者膀胱，还有生殖器官也特别容易受到影响。在家庭医生接诊的患者中，每4个中就有一个身上有躯体形式障碍导致的症状，也就是说有心理原因引发的症状。德国人口中5%患有严重的躯体形式障碍。

人本质上是躯体动物

躯体化的症状可能是心跳快、腹泻、疼痛、阳痿和兴趣减退等。那么这些症状到底是如何产生的呢？

首先我们要清楚，婴幼儿所有的情绪都是通过躯体进行感知的，也是通过躯体表达给周围的人。在婴儿的认知里，如果别人喂他东西吃、抚摸他，就表示关系好，如果他肚子痛就代表关系不好，因为肚子痛就意味着他没有得到保护和关心。在婴幼儿的心里还没有建立一个完整的"虚拟空间"，能够把自己的心理状态描绘下来，并且进行观察。他们不会"感觉"到情绪，也不会对情绪进行思考，而是像反射一样直接通过躯体动作进行反应：他们会哭，会闹，会跑开，在受到惊吓后躲到襁褓里，看到什么好奇的东西就往嘴里塞。在他做出上述动作时，这些躯体反应会被记下来，形成身体记忆，又被叫作"躯体化记忆"。因为这一过程是发生在孩子会说话之前，所以这些感觉是无法用语言进行描述和理解的。但是身体会记住世界是怎样的，其他人对我做了什么，引起了我怎样的反应。

心身分离

如果我们的成长过程还比较顺利，那么随着我们长大，就会越来越能够将情绪和躯体反应区分开来。也就是说，当我们感到害怕时，心跳会加快，也会出更多的汗。但是除了这些躯体反应之外，我们还能够意识到我们心里感到害怕，也能用语言将这种感觉表达出来，还能对其进行思考和分析。

通常，躯体反应会被驱赶到我们的前意识当中（我们通常不会意识到自己做出的躯体反应，但是在必要情形下进行回忆时可以对其产生意识）。人们在开车时就经常会做出一些前意识的行为。比如我们在做很多动作时不需要进行有意识的思考，但是我们如果去想一下就会反应过来自己正在进行什么操作。当碰到特殊的交通状况时，意识就要开始起作用了，我们会有意识地踩离合和刹车，以避免交通事故的发生。

退回躯体

感情特别强烈和丰富的成年人，可能会退回到躯体反应的状态。如果一个人内心积压了太多的矛盾和委屈，那么原本相互独立的心理和躯体可能又会部分地融合到一起（至少躯体化模型理论里是这样说的）。当我们感到强烈的恐惧时，我们会意识到自己的心脏在剧烈地跳动，而且注意力会被心跳吸引过去。这时，我们的注意力会从引起恐惧的事物转移到自己的身体反应上。相信大多数人在生活中都体验过这种躯体化的反应。

这个过程本身并没有什么危害，但是它有可能引发失眠、焦虑、心脏难受、尿频等很多问题。这个过程中，其实人体是恢复了以前小时候的反应模式，也就是退回了以前的状态，所以也被称为"再躯体化"。我们好像又回到了小时候，还不会说话的时候。某些事情使我们感到无比羞愧或恐惧，却又找不到合适的词语来表达这种感觉。这时我们的心理发展就会发生倒退（通常只体现在某一部分领域），躯体反应再一次占据了核心位置，而造成这些躯体反应的情绪本身却被忽略掉了。发生反应的躯体部位就是小时候在"身体记忆"里和某种情绪相对应的部位。也正是因为这一点，我们每个人在情绪激动和心理压力大的时候，产生反应的部位都各不相同。

表征陷阱

如果躯体症状发展到很严重、无法摆脱的地步,那就有点麻烦了。我们去看医生,医生肯定查不出什么来。或者医生可能查出了点什么小毛病,但这只会加重我们的焦虑,让我们更担心。如果一种情绪赖上了某个身体部位,不让它消停,这时候人可能就会真的生病。简单的躯体形式障碍只会涉及一个器官体系,比如胃肠道。而严重的躯体障碍症状可能会持续数年,在体内不同部位之间进行转移,一会儿侵袭这个器官,一会儿侵袭那个器官。

就算我们去看家庭医生,医生的核心能力通常都是在躯体系统上寻找症状的来源。他们会企图解决便秘或者心悸问题,而真正引起这些症状的情绪却一再被忽视。这时候就真正麻烦了,因为这明明是两个完全不同的问题,便秘或心悸只是表征,而不是问题的根源。

摆脱心身陷阱
第5篇:探寻症状背后的情绪根源

当身体出现不适时,当然要进行各项详细的躯体检查。但同时我们也可以回忆一下,自己小时候什么原因会导致我们肚子痛、心跳快。这些症状可能是由哪种情绪引起的呢?

注意对面来车!——逆向心身问题

躯体疾病也可能导致焦虑、沮丧和记忆障碍等。这些心理症状的原因并不是心理问题。一个常见的例子就是流感。流感会引起意志消沉,甚至经常会导致抑郁情绪,这其实跟身体炎症反应对大脑的影响有关。麻烦的是人们通常没有办法区分，症状到底是生理还是心理问题引起的。

这也是心身医生日常工作中最难解决的一个问题，而且有时候也根本就不存在确切的答案。尤其当患者有各种躯体和心理疾病史，而且吃很多不同的药，情况就更为复杂，难以判断。因为很多药物，包括毒品都有一些副作用，可能导致抑郁和焦虑。而且有超过6000种罕见的疾病，普通的诊所根本无法鉴别，只有大学医院专门的医疗中心才有可能做出诊断。

常见的会对心理有影响的疾病有：甲亢和甲减、耳鸣、背部和关节疼痛、多发性硬化症、心梗、肝炎、风湿、慢性阻塞性肺病、流感和哮喘。还有很多其他的疾病都会对心理产生影响。

常见的容易引起心理问题的药品有：降压药、强效止痛药（比如阿片类）、避孕药、安眠药、抗过敏药和可的松。

摆脱心身陷阱
第6篇：注意抑郁和焦虑中的甲状腺问题

甲状腺位于颈部，喉咙下方，气管前侧，是一个小型的代谢器官。它虽然体积小，但是对人体有着很重要的作用。甲状腺储存碘，主要用来制造甲状腺素四碘甲状腺原氨酸（T4）和少量的三碘甲状腺原氨酸（T3）。这两种激素通过复杂的回路对人体细胞的能量代谢进行调节，对人体有着重要的作用。甲状腺还制造降钙素，这种激素可以调节骨骼的新陈代谢。如果因为碘元素的缺乏、特定药物、自身免疫性炎症、肿瘤等原因导致甲状腺分泌激素过多或过少，就会形成甲亢或者甲减。

甲亢的主要症状：多汗、心悸、心律失常、体重下降、容易激动、烦躁、颤抖。

甲减的主要症状：畏寒、乏力、体重增加、情绪抑郁、兴趣减退、便秘、性欲减退、阳痿。

不同原因引起的甲亢或者甲减都可能表现出焦虑症和抑郁症的症状。治疗过程中，需通过激素类及激素抑制类药物，或者通过手术，使甲状腺的代谢重新恢复平衡。

甲状腺疾病经常伴随有心理问题，所以在治疗过程中必须要躯体和心理两个方面都顾及到。也就是说，让甲状腺的代谢恢复正常的同时，还应通过心理治疗或药物手段应对抑郁和焦虑问题。

要注意，哪怕甲状腺功能检测指标显示正常，甲状腺仍然有可能引发心理问题。比如在常见的桥本氏甲状腺炎中，各项检测指标都是完全正常的，但是炎症仍然可能引发一些情绪的变化。在老鼠身上进行的研究已经证明了这一结果。

当你有任何躯体不适症状时，请务必对身体进行全面仔细的检查。所有看起来由心理问题引起的症状背后都有可能隐藏着某种器官病变。出现任何问题请及时就医。

我们已经讨论了身心之间的关系、心理的发展和情绪问题，现在我要将注意力放到心理层面上，来回答这个问题：到底有哪些因素会导致心理疾病呢？

人的心理是如何运作的，哪些因素会导致心理疾病

心理和生理问题对人体器官的影响是无法清楚区分开的。当一个人受到惊吓之后心跳开始加快，这就是一个躯体症状，而不是心理症状了。在惊吓被意识感知到之前，心跳就开始加速了。惊吓发生时，信号会迅速通过杏仁核（大脑的恐惧中心）和"光纤"（交感神经）传递到心脏。心脏加速跳动之后我们才会意识到刚才发生了什么。

没有哪个症状是完全生理性或完全心理性的。

接下来我想向你们介绍一种理论，它研究的是引发疾病的心理因素。我把这些因素称为"看不见的诱因"，因为它们不像血液中的激素和炎症细胞那样可以被检测到，它们对疾病的影响也无法被证实。这种理论就像是一个抽屉柜，把各种心理因素放到相应的抽屉里，它其实只是一种工具，可以帮助我们去理解心理世界。

去还是不去呢？内心矛盾理论

每个人内心都有矛盾，而且人其实对心理矛盾很感兴趣。你可以想一本你喜欢看的小说，我告诉你它为什么吸引人：一定是因为主

人公充满矛盾的内心世界。它会让你短暂地想起你自己内心的矛盾之处，但又不至于太让你难受，因为它毕竟只是一本书。

为什么矛盾会如此让人兴奋呢？矛盾其实是人生的良药、不老仙丹，因为矛盾（在健康的情况下）意味着生机和发展。20世纪初，弗洛伊德就在他的"驱力理论"中提出内心有矛盾的两极，一极是攻击，一极是爱，在他看来二者一个是为了自我延续，另一个是为了物种的延续。另外你们可能也听说过"生命驱力"和"死亡驱力"的概念，也是用来解释内心矛盾的。

首先我要借此机会消除大家对矛盾的一个常见误解。我们经常会听到"你得把矛盾解决掉，才能变得健康！"或者"发生矛盾的时候你要学会说'不'"之类的话。日常生活中，我们提到矛盾的时候指的是人与人之间、群体之间，或者甚至是国家之间的矛盾。但是在心身医学里，矛盾指的是完全不同的内容。它是指一个人内心的矛盾。这可能听起来有点抽象，因为我们通常都是跟同事、家人或者客服电话的人起争执和矛盾。内心的矛盾到底是什么呢？我们不就是我们自己吗？自己跟自己怎么会有矛盾呢？

意识不到，也解决不掉

作为心理动力学出身的咨询师，我认为人内心的愿望和需求总是充满矛盾的。我在前面的章节已经提到过幼年时期的经历对人的影响。如果一个人年幼时，出于害怕或羞愧，把某种需求或自然的冲动压抑了下去，逼进了无意识，那么它们就会在无意识里固化下来，形成一种长期的、看似无法解决的基本矛盾，影响这个人的一生。

我想到我的病人里有一个老师，碰到恼火的事情很想拍桌子，却又不能这么做。还有一个女大学生，她列出了应该跟男朋友分手的27

条原因，但却还是不愿意分手。他们的内心其实都有没意识到解决不掉的矛盾。那他们为什么不直接把矛盾解决掉呢？

我们的内心每天无时无刻不需要对我们感官获得的感受进行分析和评估，把它们同我们以往的经验进行比照。但是，为了不至于让我们过于劳累，心理活动中大概有95%都是在无意识状态下发生的。大脑一直处于巡航模式，这样可以节省很多能量。你没看错，心理活动中只有5%会有主观意识的参与，形成我们主观的思想、需求、感觉和冲动。

我们的心理有自己的防御机制，它会把不好的、无法解决的矛盾和随之而来的紧张感一起驱赶到无意识领域中去。心理防御机制我们前面已经提到过。对于不愉快的感觉，心理可以对它进行否定（"不，我现在好着呢！"），把它投射到他人身上（"他总是这么贪得无厌！"），或者把它用正当的目标替换掉（升华），比如在性需求无法得到满足时，给自己买昂贵的法拉利轿车。这些心理防御过程都是在无意识状态下进行的。当心理防御变得过于强烈和死板，始终处于自动巡航状态时，就会带来麻烦。下面我会举一个例子来说明这一点。

自动巡航 vs 矛盾紧张

你大概也不会每天早上有意识地去想，我今天要不要上班（以及几点要出门）。你可能也不是每天早上都想去上班的，但是你还是会去，这是为什么呢？

你的心理会在你无意识的状态下对上班的利弊自动进行权衡。不去上班的理由可能有你今天很累，不想去上班；去上班的理由有你会赚到钱，以及你的同事会希望你能去。完全不用麻烦你来对这件事情进行思考，心理就会自动克服你内心的不情愿，把你拉起来洗漱、穿衣、吃早饭、出门去上班。

可能你现在会想："这是必须的呀，我必须得去上班啊。"但是真的是这样吗？

当然不是。你压根就没完整地想过，如果不去上班会怎么样。这一句"我必须得去"其实是心理的自动巡航系统替你进行了思考，权衡了各个方面，然后告诉你的结果。

事实上这就是根据你内心的目标和过往的经验在无意识状态下做出的一个决定。其实你完全可以说我今天就不去上班了，然后接着睡觉。

心理的自动巡航系统可以帮我们减轻负担，让我们不用时刻做那么多的决定。

但是自动巡航系统也可能会出问题！假设一个这样的情景：你几个月前就开始觉得你的工作没意思了，任务多到做不完，你也没有得到尊重，对工作上的事务没有什么发言权。已经完全有精力耗竭和倦怠（burn-out）的风险了。

这时候你为什么还要再继续呢？去上班还是在家待着的问题为什么不能进入你的意识里，由你自己决定呢？

这种情况其实一点都不少见，很多人都是做对自己健康有害的事情做了很久，自己还意识不到。出现这类问题的原因是内心有某种矛盾，为了保护我们不至于过度紧张，巡航系统会不断地将这种矛盾自动处理掉。心理的自动巡航系统在很早就建立起来，通常在童年时期就设置完成了。小孩两岁到四岁，也就是自主意识形成以及测试自己权力边界的时期，如果被教育不能调皮，要听话，那么他长大之后就倾向于把自己的需求放到一边，总是尽力满足他人的需求（比如他去上班就是为了满足老板的需求）。严重的话，他压根都不会想到可以去跟领导谈一谈，或者找个更好的工作。这些想法根本就不会出现在他的意识里。

这种疾病被称为神经症。神经症的患者会无意识地做出一些决定，而自己完全不知道做出这些决定的原因是什么。他们会觉得完全没有其他的选择。

你可以想象到，这样的生活很受限，很多事情不能自主决定，心情也不可能保持平和。

神经症经常会导致心身不适、焦虑和抑郁，因为被压抑的内心矛盾最终会通过躯体表现出来。心身之间相互联系和转化的六条通路我们在前面"心、身、脑之间的六条通路"一节（54页）已经详细解释了。

协商谈判

弗洛伊德1923年发表的文章中提出的"人格结构理论"（Instanzenmodell）就是关于心理矛盾的理论中非常典型的一个。后来人们对这一理论进行了很多发展和改进。弗洛伊德认为，人的心理有三大系统，三者之间的关系就像是谈判对手。"本我"代表着本能的冲动和欲望，想做一切好玩的、开心的事情，同时它也代表着人攻击性的一面；"超我"代表着道德和价值观念，让人知道自己有义务做什么事，不能做什么事；最后"自我"的角色就是在双方之间进行调节和权衡，它是面向现实的，它要考虑当下有什么愿望需要满足，有什么事是必须要做的。它们三个就像是坐在圆桌旁，永远在进行协商谈判。

如果"超我"过于强大，禁止了所有美好的、放松的事情，或者"本我"过于强大，使你每晚在聚会上狂欢痛饮，那么都可能引发疾病。这时"自我"无法很好地进行调节，于是就会产生焦虑，会把矛盾驱赶到无意识的范围里去。这样的话人就会陷入一个无止境的螺旋。

当"本我"敌不过"超我"，它们之间的矛盾越来越强烈，这时候人就会生病，就会出现心身疾病的症状。通常我们都不会意识到，为什么自己会突然变得不安、沮丧，受到躯体不适的折磨，而这背后经常都是心理矛盾在作祟。情绪会转化为躯体症状表现出来，而情绪本身会从我们的意识中被排挤出去。神经科学和精神分析学家马克·索尔姆斯（Mark Solms）对此进行了详尽的阐述，很有说服力。他发现这种情况下的患者大脑杏仁核的功能会受阻，这一现象和将情绪排挤出意识之外的过程是可以对应起来的。

平衡为什么这么难

冲突模型对我们的心理健康有什么启示呢？

我跟你们说说我此刻的感受吧。我坐在窗前，窗外是美丽的秋色，金灿灿的树叶和蓝色的天空。但是我的"超我"清楚地告诉我，我必须得待在桌前继续写作，这样我才能在交稿日期前准时把书稿交给出版社，让读者们可以看到这本书。在柏林，天气好的时候人们是很喜欢出去散步的。但是"超我"给我列出了很多有力的理由，让我抵挡住诱惑，继续坐在桌前写作。我能做的，就是不能忽略了负责娱乐的"本我"，它的需求我也要放在心上。最晚明天早上，我要出去郊游，吃可颂面包，喝咖啡。"本我"的需求可能不得不推迟，但是这不代表着不会被满足。

我们要记住的信条是，要在这些相互矛盾的目标之间进行平衡，因为双方都很重要。有时候我们需要倾听一下自己的内心，告诉自己，人就是有"超我"和"本我"这两方面，并且这两方面都应该被顾及到。

问题是，为什么有的人没办法很好地平衡他内心矛盾的想法呢？

关于这个问题心身科学很早就提出了相应的理论，并且这一理论现在也得到了脑科学研究结果的支持。幼年不同的发展阶段对应不同的需求[①]：先是被拥入怀抱、喂奶的需求；然后是对依恋关系和亲密感的需求；再然后是发挥自主和发现世界的需求。世上没有哪对父母是完美的。当孩子的某种需求没有得到满足，或者只是得到了部分的满足时，就会埋下隐患，使他长大之后在面对内心的矛盾时容易只关注其中一个方面。如果父母在孩子的自主阶段，也就是调皮的阶段对其有过多的限制和管束，他慢慢就会认为，自主和独立是不会有什么好结果的，那么他长大之后就可能会对他人有很强的依赖性。他也许会在跟领导相处的过程中也采取跟父母相处的模式，对领导格外地服从。父母的约束也有可能会造成完全相反的影响，使孩子长大之后做什么都标新立异、与众不同。因为他成年之后终于可以不用听父母的话了，终于可以向"父母"证明自己了。这些都可能会导致某些基本需求长期得不到满足，内心的某些想法不停地遭到忽视，从而导致疾病。

在幼年经历的影响下，人们常常会无意识地将自己内心的基本矛盾带入到各种关系当中。比如有的人会选择超出自己能力的，并且做起来不开心的工作，因为小时候总是被教育要履行自己的职责，有很多事必须要做，要坚持到底。虽然这既会阻碍我们的发展，又会有

---

① 参见"心身解剖学"一章。

害健康，但是大脑总是喜欢熟悉的事物。当人处于某种熟悉的情景中时，大脑会分泌更多的动力激素多巴胺，告诉我们："你正在做正确的事！"这个过程就像是上瘾一样。原理其实很简单，因为小时候类似的情况总是被告知是正确的，所以大脑自然认为现在这么做也是正确的。这种现象在心理治疗当中被称为"重复强迫症"。不少人都会被困在这种固化的内心矛盾当中很长时间，而且还不自知。他们能感觉到的，只有折磨人的心理或生理症状。这就是前面已经提到的神经症。

摆脱心身陷阱
第7篇：不要只看到症状消极的一面

如果你有恼人的背痛，如果你因为晕眩而走路都不能好好走，如果你有手汗所以不敢跟别人握手，那么这些症状对你来说肯定是很烦人的。每当我问那些到心身科来看病的人，如果现在你面前出现一个仙女，可以满足你三个愿望，你会许什么愿，他们通常都会说："让我的症状消失掉！"

我非常能理解他们这样的想法，但是很多时候我都得告诉他们不要这样想。因为如果这些症状是由内心矛盾引起的，那么它们总会有一个功能：它们其实是为矛盾提供一个暂时性的解决出口，让情况不要变得更糟。

这些症状可以保护你不会在不合适的场合发泄心中积蓄已久的怒火，保护你不会受到同事的继续羞辱，保护你不要再为他人牺牲自己。不想与他人接触等抑郁的症状其实在初期都是一种自然的保护。当人出现某种症状的时候，通常他就不能再继续做某件事了。"停下来"其实是一种应急的办法，因为情况可能不明朗，问题也没办法一下子解决。当你过一段时间之后，对情况看得更清楚了，就可以自由决定要怎么做。这时症状的使命完成了，也就会自动消失了。虽然说现在有些时候人们认为妥协和让步是不好的，但其实人体的运转也是要依靠妥协才能保持平衡。

前面提到，其实在各种矛盾中间进行平衡、掌控着一切的是"自我"。下一节我们会看到，"自我"又会受到哪些限制。

发展受阻：人格结构障碍

假设你和一个熟人约好了喝咖啡，你刚从医生那儿出来到约定的地点去。你最近刚刚患上了糖尿病，所以时不时要去看医生。你期待这一次见面已经很久了，但是你们刚一坐下，你朋友就点了一大杯巧克力奶油冰激凌。你顿时想，我没听错吧？一大杯冰激凌？你非常清楚大杯冰激凌里含有多少糖分，也清楚知道糖分对自己的危害。一想到超大号的冰激凌你的心就开始怦怦跳，胃里也开始感到恶心。"你吃得完吗？"你反感地说道。因为你有糖尿病，所以你感到你的朋友不理解你，而且忽视你的需求。你直接跳起来跑回了家，把朋友一个人留在那儿。

你刚才已经短暂地把自己放进了一个刚患上糖尿病、情绪很不稳定的女士的角色里。你大概知道了，想法极端、消极，情绪剧烈变化是什么样的感觉。性格不稳定的人无法很好地控制自己内心的冲动，而且总是对他人有过高的期望，觉得别人都应该按照他所希望的去做。

在刚才的例子里，对于朋友为什么会点冰激凌，你内心的设想是很片面的，不分青红皂白就认为她不顾及你的感受。你的反应完全是出于你自己单方面的考虑。人格障碍、严重的饮食失调、成瘾和自我伤害（比如划破自己的胳膊或腿）也是与此类似的反应机制。

自我抚育（Reparenting，Nachbeelterung）

"自我"是一个由众多心理结构构成的网络，是通过对他人的行为产生共鸣和反射而形成的，并发展成为应对日常生活中的各种挑战的能力。

在前面的例子中，主人公对他人的认知、对自己的认知和调控可能都有问题，而且这些问题在确诊糖尿病之后进一步加剧。我在对这类患者进行治疗时，会重点解决"控制自己的情绪"和"区分自己的和他人的"这两个问题。

主人公"自我"的功能受到了阻碍，这时候就应该要对她的需求加强回应。在治疗过程中，我会帮助她学会尊重自己，弄清自己的情绪状态，纠正她在与人接触中对自己和他人错误的认知。她要学会为自己的不足之处负责，并且和我一起挖掘自己的能力所在，她一定在其他某个方面有很强的优势可以利用，来平衡她自己内心的问题。

摆脱心身陷阱
第8篇：看到自己的长处

在日常生活中，我们总是将过多的注意力放在自身的缺点上，总是关注自己做不到的事情。当今的心理治疗有时也是过于针对那些需要"修复"的缺陷。很多时候，自我功能的障碍是没有办法彻底改善的，但是却可以通过自己的长处进行弥补，尤其是当我们将自己的长处进行放大和发扬时，短处对我们的影响就没有那么大了。我们可以从很多小事做起，比如说友好地对待他人，认真地倾听、克制自己的情绪，成为他人人生道路上可靠的伙伴，而不要做一个不靠谱的人。

从我给别人做心理咨询的经验来看，大部分人其实都有很多的长处，但是他们自己却不知道。还记得我们前面提到过的大脑自动巡航系统吗？在正常情况下，很多事情都是由大脑自动处理的。这可以节省能量，但是也会导致你对自己能够处理好的事情不自知，从而变得不自信。现在请你拿出一张纸（不要拿手机！）和一支笔，把你所有的长处写下来。所有！那些你觉得理所当然的事情也要写下来，因为你觉得理所当然其实只是一种假象。

在这里举一些例子供你们参考：可以对他人进行正确的评估，看人很准；会写作；情绪感知能力强；擅长谈恋爱和分手；擅长倾听自己的身体；善于利用想象力；总是感到高兴；擅长阅读；理解他人；会克服困难，坚持达到自己的目标；热爱自然，享受自然……一定不要停，继续想你还会做什么。写完之后好好看看这张纸条，把注意力放在自己拥有的能力上，说不定明天哪项能力就会派上用场了。

心理创伤

假设自我的功能得到了很好的发展，我们可以处理好亲密关系，开始和结束一段感情,对情绪有很好的感知能力,也可以克制自己冲动的想法。在心理成长过程中,我们和身边人的关系都很好。我们内心的冲突可以得到很好的平衡,我们对自己的生活感到非常满意。

但是这并不意味着我们就安全了,就不会出现心理问题了。无论在人生的哪个阶段如果经历创伤,都可能会对我们内心已经形成的稳定的自我造成严重的破坏。

这里需要区分两种不同类型的心理创伤。

第一种创伤的诱因是某一次具体的事件(比如银行抢劫),是某种"危险性极高、后果极其严重的情况。几乎每个在场者都会感到深深的绝望"。

另一种创伤的过程更为复杂,由连续多次的创伤经历引起,所有经历共同累积起来,对当事人的心灵造成破坏性的创伤。比如遭到忽视、暴力和虐待。当事人内心的无助和无力感最终构成心灵的创伤。当事人可能无法摆脱这些伤害,又不知道该如何面对自己内心的愤怒和恐惧。他的自我调节功能无法负荷如此重担,从而导致他愤怒发作、自伤自残、利用酒精或其他药物使自己平静下来。

创伤的受害人通常都是儿童。比如有些孩子在秘密的环境中受到情感虐待。他们的基本需求被大人忽视,而他们又无法自己照顾自己,比如自己进食。发脾气就会受到惩罚。另外,大人还可能对孩子有不现实的期待,或者将孩子同他人进行比较,贬低孩子(例如说"你跟你爸一个样")。孩子如果遭到抛弃,就会造成深层次的恐慌,不少被抛弃的孩子长大之后都会非常害怕失去。如果孩子还不幸卷入父母离婚的纷争当中,受到的创伤就会更为严重。

情感虐待还有很多其他的形式。其实虐待的情况在我们社会中并不少见,而且受害者经常很长时间都不会把事情说出来。

创伤的后果

创伤经历对人的伤害非常之大，对于受害人而言，创伤实际上意味着一种自我毁灭。所以在人的心里，创伤通常无法被消化，而是会从其他的思想和感觉中区分出来，单独装在一个泡泡里，就像一个无法被身体消化的异物。这其实也起到一种保护作用，因为只有这样，受害人才能继续生活下去。创伤的感受虽然装进了密封盒里，但是它造成的躯体伤害仍然存在，哪怕有时是在创伤经历过去很长时间之后才会显现出来。因此，心理创伤也可能会造成严重的心身疾病症状。

创伤的典型症状是"侵入性思维"，也就是说创伤总是会闯入受害人的思维当中，使他频繁地想起当时的情景。这种想法如此强烈，让他感觉好像又亲身经历了一遍当时的事情。另外还伴随有很多躯体的症状。

很多受害人也会有逃避行为，他总是远离一切会让他想起创伤事件的东西。同时他还会有全身神经过度觉醒的问题，也就是说始终处于一种过度警觉的状态。许多受害人都会形成十分消极的自我形象。

创伤不仅会造成心理疾病，还会造成躯体疾病：它会破坏免疫系统，增加糖尿病等自身免疫性疾病的患病概率，而且会使人对压力更加敏感。

在对创伤造成的疾病进行心理治疗时，首先最重要的是建立一种新的安全感，建立一个新的"庇护所"，然后再去提创伤事件本身，把创伤经历整合到其他心理活动中去。

> **扩展：ACE研究**
> **心理创伤造成躯体疾病**
>
> 童年不幸经历和长大后躯体疾病之间看似没有什么关联，但研究已经证实二者之间存在联系。科学家从20世纪90年代开始进行ACE研究（Adverse Childhood Experience，童年不幸经历），对美国17000多名成年人就创伤经历进行了采访。他们调查了这些成年人幼年时期是否受到过肢体上或情感上的虐待、性虐待和忽视，他们的妈妈是否遭受暴力，父母是否分居、吸毒。结果显示，中产阶级、受过良好教育并且有固定工作的人中，2/3曾经至少有过一次创伤经历，12.5%的人有4次以上的创伤经历。研究发现，童年的创伤经历会影响成年后的健康状况，创伤经历会提高肝脏、心脏和肺部等疾病以及癌症、骨折和生出死胎的风险。另外，对尼古丁的依赖性、抑郁和自杀的风险、患性病的风险都会升高。并且，研究还惊人地发现，大多数疾病和后遗症的风险几乎是随着创伤次数的增加而均匀地升高。也就是说，童年不幸遭遇的数量也很重要。
>
> 大家可以看到，从各方面把孩子尽可能地照顾好有多么地重要。但是，即使童年有过不幸的遭遇，成年之后也可以重新获得安全感，修复贬低和忽视造成的伤害。第三部分"DIY促进心身健康"中会详细介绍应该怎么做。

从神经生物学的角度来看心理创伤

创伤经历被单独装在一个泡泡里，同其他的记忆分隔开，这一猜测在神经生物学中也得到了印证。创伤会造成压力激素皮质醇长期过量分泌，从而影响大脑的海马体。海马体是负责感官记忆的，对图像、声音、气味进行记忆。因为创伤对人具有很强的压迫性，人脑不会利用语言去对其进行理解和记忆，这也导致人无法通过语言去对创伤记忆进行加工。通过甲基化过程（表观遗传学），创伤的后果甚至会刻进海马体的细胞里。而且创伤后，前额叶皮层内侧区域无法降低杏仁核的激素分泌，导致杏仁核对所有和创伤情景相似的感官体验都立马发出警告。这时，大脑把很多本来并不危险的体验都理解成威胁，向机体发出急救信号。在心理治疗时，应该弱化这一过程，重新建立安全感。

人际关系疗法

人际关系对于我们的身心健康有着至关重要的作用。无论是童年时期和父母的关系，还是长大之后和周围人的关系，都远比我们以前所想的要重要。

受过创伤的人，和他人相处时会和正常人有所不同：他们会更加不信任对方，而且会更加恐惧。在应对创伤造成的心身问题时，要着眼于现在的人际关系网。借助和治疗师之间的关系，以及身边良好的人际关系，去克服消极的发展。经历过创伤的人，要学会重新建立归属感。这个过程中，他们通常需要治疗师的帮助。但是他们自己，以及他们周围的人也可以起到很大的作用。

摆脱心身陷阱
第9篇：怎样增强归属感和安全感

1. 跟周围的人进行交流，用温暖去化解无处不在的冷漠。无论是超市收银员、等红绿灯的老奶奶，还是餐馆的服务员，你都可以跟他眼神对视一下，聊几句天。每个人都希望被注意到，希望得到尊重。只需要多花几秒钟的时间，就可以满足我们双方交流的需求，增强我们的安全感。

2. 试着通过他人的眼光去看问题。他在这种情况下会有什么感觉，如何反应呢？他可能有过什么（创伤）经历？我的看法在他听来会怎么样呢？

3. 创伤经历后，通常人会感到恐惧，却又常常不知道到底是什么引起的恐惧（因为你的身体记得发生过什么，但是心理关于创伤的记忆又是隔离开单独储存的）。例如封闭的空间（关闭的门窗）会引起你恐惧和焦虑，因为你小时候被关起来过。在这种情况下，最好不要试图去逃避某种害怕的东西，而是要慢慢地、有耐心地去学会接受它，而且最好可以有人陪你一起，在你身边支持你，帮助你。

4. 千万不要给自己套上坚硬的外壳，拒绝别人的一切情感，企图借此来消除自己在人际关系中受到创伤的记忆。你要知道，人际关系对于我们是无比重要的，人根本不可能把自己锁起来，谁都不理。你必须要主动地、有意识地去对自己和他人的关系进行分析，才有可能积累新的积极体验，从而治愈自己的创伤。

从躯体到心理：躯体精神障碍

有一个造成心理问题的原因很容易被忽视，那就是躯体疾病。尤其是那些会伴随一生的慢性疾病非常容易引发心理问题。另外住院、手术、肾透析等，也需要很强的心理适应能力。

一方面要克服强烈的焦虑和恐惧感，另一方面又担心会丢掉工作，不能继续照顾自己的孩子，这些都会消耗很多的心理能量。

如果心理可以很好地适应某种躯体疾病或缺陷，那么这个人就会构建出新的自我形象，他未来的生活可能会发生很大变化，他会优先考虑的事情可能也会跟以前有所不同。通常一定会经历一个悲伤的过程，然后才会好转。但是，躯体疾病也有可能导致很强的害羞或负罪心理，甚至导致抑郁，这些都是典型的躯体导致的精神障碍。患者经常会否认自己内心的痛苦，这一点他周围的人感受会很强烈。

如果你有躯体疾病，内心觉得难过、空虚、绝望，我建议一定要去看看是不是有躯体精神问题。如果是的话，可以通过心理治疗的方法进行改善。

社会和文化因素

我们都是在社会的影响下才成为了我们。弗洛伊德在《文明及其不满》一书中写到，社会化的过程会深深地影响人的心理，为了社会能正常运转，人一部分的性冲动和攻击性必须转化为罪恶感。

当然你会觉得我们现在的生活方式是很正常的。但是为了获得社会的保障，我们确实放弃了一部分的自由。我们会服从领导，把我们的能量拿去完成更高级的目标，而不是追求自己本能的欲望。我们是社会这个系统的一部分，而社会的规约也成为了我们身体的一部分。新冠疫情时，人们必须遵守许多新的规定，比如在超市里要戴口罩。这个例子能很好地说明，我们在很多情况下都需要压制自己内心的冲动（把口罩取下来，大口呼吸），去满足社会的期待和要求（配合防疫，阻止飞沫传染病毒）。这就是我们被社会接受所需的代价。

下面我想介绍三个当今对我们个体健康来说影响最大的社会因素。

生活节奏加快

现在所有的事情都求快，越快越好。你现在是不是在网上买东西，超过48个小时还没收到就等不及了？现在大家都是买了某个东西，恨不得立马就能拿到手上。我自己也是这样的。而且买回来的东西如果不喜欢，立马就可以退，都很方便。我认为这确实挺好的。但是另一方面，我觉得这对于互联网公司的员工来说肯定非常辛苦，他们会觉得自己是各种算法的奴隶，要满足无数不知道名字的顾客的需求。商家善于利用我们的各种心理，打价格战，激起我们的兴趣，逼我们快速做出购买反应。事实上，我们点鼠标点得越快，买东西买得越快，写评价写得越快，我们就越不会意识到到底发生了什么。我们可能会被商家玩弄于股掌之间。我们人类擅长反思和理解的优势，在精准和迅速的电脑面前不值一提。

我也见到过不少"求快"的病人，他们等一下都忍受不了，让他们停下来休息几分钟他们都不愿意。我们人不是高铁，人的情绪无法加速，它需要时间去消化。当我说这些问题没办法快速解决的时候，有些病人表现得非常失望。他们持续的压力也导致了躯体上的问题，例如失眠、心慌、多汗、腹泻和无法集中注意力。

我们需要回归生活本来的节奏，无论是微笑或悲伤、沉默或言语、追寻或等待、抱怨或谅解，所有的事情都需要时间和耐心。

瓦解

也许你已经注意到，在上一段结尾时我引用了《圣经》的内容。《圣经》里写的是："凡事都有定期，天下万务都有定时……"这正是我下面要谈到的一点。人类在千百年的时间里，对很多事情都形成了习惯。但是我们习惯已久的许多东西现在正在逐渐瓦解。宗教集体本来是带给人安全感和归属感的，但是现在宗教团体也在逐渐地瓦解。本来和他人之间的关系和信任也会带来安全感，但是现在的人换工作越来越快，换男女朋友也越来越快，甚至连居住地都经常变来变去，根本来不及去和别人建立关系和信任。变化带来速度，而速度正是经济增长所需要的。缺乏安全感之后人就容易焦虑。近年来确诊焦虑症的人数明显比以往多。其实焦虑症是心理和心身疾病中最常见的一种。

运动俱乐部、保龄球俱乐部和青少年宫等很多旧的群体慢慢解散，取而代之的是各种网络社群。在网络上，人们有无限的自由，想做什么就做什么。但是凡事有利必有弊。网络上的信息永远都看不完，我不能看到某个地方，然后就停下来。就连下班之后也有无数的信息和推送朝我涌来。你手头的这本书，现在可以合起来、放下，下次什么时候再打开接着读，都不用担心会错过任何信息。它是有头有尾的。如果你看了之后觉得不喜欢，还可以拿去送给别人。但是网络上的信息是在不断更新的，永远有新的内容。这当然也有好的一面，但是我们心理上其实会本能地习惯于看有结构和边界的东西，这对于保持健康来说很重要。因此，现在互联网对人也是一个很大的挑战。

两极分化

社会的两极分化可能是公众讨论最多的一个造成心理负担的因素。

极端的想法对于心理健康是非常不好的。一个人要么是好人，要么是坏人；要么是左派，要么是右派；要么是难民，要么不是难民；要么是民粹主义，要么不是民粹主义。这些标签其实会在潜意识里把自己和他人区分开来，让我们把自己的同类当成是更优等的人。我们每给自己贴上一个标签，其实就是在心里关上了一扇门，一扇自我认知的门。

事实上，我们每个人都有很多面、很多不同的部分，也会有攻击性的、不好的一面。我们越想摆脱自己不好的方面，就越有可能会在某个时候不得不无意识地将这些东西发泄出来。我们越是允许和承认自己不好的一面，就会越能够理解他人，也越能够理解自己的不完美。

一些极端的患者，他们通常都不会看到自己身上其实也有他们讨厌的人的某种特质。这就会导致他们对自身和世界的认识发生偏差。

这一部分，我们讲了心身医学的基本概念和理论。下面会讲这些知识在医生的实际工作中如何运用。

第 2 部分
心身医学从头到脚

接下来我们会进行一场头发丝到脚指甲的旅行，看看身体的各个部分都会出现哪些心身问题。

前面已经说过，我在提到患者的临床表现时，都是在进行详细的身体医学诊断后，再从心身医学和心理治疗的角度来说的。心身疾病的病因有非常多的可能性，会受到多种因素的影响。我之所以从患者的心理状态和个人经历上去找原因，是因为我作为心身科的医生，在这方面最有可能帮助到患者，所以我才重点考虑这些因素。

那一定是心理问题！

毛发

用处多多的毛发

毛发有很多的功能，它能保护我们不受阳光和雨雪的侵害，有很好的绝热功能，还可以吸收汗液。在进化的过程中，毛发的大部分功能都逐渐消失了，因为人们不再像以前那样需要它们了。毕竟现在每个人手机里都有天气App。

现在人们身上长毛的地方已经不多了，而且还有许多人会定期将某些部位的毛刮掉。但是不会刮头发！绝大多数的人都留有一定长度的头发。头发有一个功能我还没有提到：人们常常会利用头发来让别人记住自己，或者通过薅头发来威胁别人。也就是说，头发其实有一种社会交际的功能，它可以告诉别人，我们是谁，是好心还是恶意的。不过，美女是应该留着有层次的短发、挑染几缕紫色，还是应该留着金色的长发，就是个见仁见智的问题了。头发是一种我们向外界展示"我希望自己看起来是什么样子"的手段。尤其是年轻人通常会频繁地更换发型，这其实也是一种心态发生变化的表现，他们会根据自己新的身份和认同去变更发型。

拔毛癖

如果有人要伤害我们的毛发，会怎么样呢？如果这个人是我们自己呢？

有一种心身疾病说的正是这种情况，它就是拔毛癖（Trichotillomanie。希腊语tricho=毛发；tillo=拔；manie=某种倾向或癖好）。从这个词我们可以清楚地看到，某些医学词汇能有多么奇怪，好像就是为了让普通人看不懂似的。好在如今这种现象已经有了很大的改善。

患有拔毛癖的人，会强迫性地拔掉自己的毛发。就是说他会总是忍不住去拔自己身上的毛，虽然他知道这么做不好，虽然他也不想自己哪里的毛缺一块。拔毛癖的人可能会拔掉自己头上或者私密部位的毛，导致出现光秃的区域，而这又经常会让他们感到羞耻。很长时间以来，人们都认为这种疾病很少见，只会在不到1%的人身上发生。事实上很多患者都对此羞于启齿，不会选择去看医生，因此也就不会被统计进去了。

拔毛主要是为了发泄内心的压力，或者也有可能是由于内心空虚无聊而引起的。这种疾病属于冲动控制障碍的一种。冲动控制障碍是说，患者自己其实也不想这么做，但是又一时控制不住，不得不采取这种行为。无论他自己多么想控制住，但是都控制不住内心的冲动。啃指甲也是一种类似的机制。啃指甲和拔毛的习惯经常都是从小时候就开始有了。

毛发在无意识中的意义

在德国最早一批开始有心身思想的医生中，有一位格奥尔格·格罗代克（Georg Groddeck）在20世纪30年代曾经提出过一个大胆的理论。他认为，毛发脱落其实是一种退回到婴儿时期的退行性发展。婴儿内心的矛盾和压力还不需要自己去承受，而是会由父母去处理。拔毛之所以能够化解内心紧张或者无聊空虚的感觉，其背后其实隐藏着一种想要回到妈妈肚子里的愿望。那时身上还没有长出多少毛发，也不需要自己去承受各种压力。

我觉得，精神分析里的很多解释确实听起来很奇怪，但是它可以帮助我们从不同的角度去想问题。现在大家总是提倡理性思维，但有时候理性思维可能也有局限性。理性思维总是告诉我们说："我现在有一个问题，必须想个办法解决它。"如果确实没有解决办法的话，这种想法就经常会搞得人很绝望。我们始终需要记住，凡是涉及到心理问题的发生机制，所有的解释其实都是想象和猜测。

如果我们把头发看作是人体屏障——皮肤的一部分，那么就会有这样一个问题，为什么有些人会去破坏或者放弃自己有防御和保暖的作用的屏障呢？从我的经验来说，很多这方面的患者都有攻击性的问题，或者是在区分自己和外界的方面有问题。皮肤作为一个将人体与外界隔绝开来的器官，后面我们还会详细讲到。

怎么办？

拔毛癖的诱因可能是内心紧张或空虚。而内心的紧张或空虚是因什么而起，则需要具体情况具体分析了。通常这种强迫性的行为会发生得越来越自然，最后完全不受控制。因为当人一直重复某一行为的时候，大脑就会产生一种神经元通路，使人越来越容易做出这种行为。

参加自助团体可以带来一定的帮助。视毛发秃斑和患者痛苦的严重程度需要进行专业的心理或药物治疗。可以使用抗抑郁药物（如艾司西酞普兰），抑制特定部位突触对5-羟色胺的再摄取（SSRI），提高脑内血清素的含量。有些情况下也可以将心理和药物治疗相结合。治疗的目标都是能够显著减少强迫性拔毛行为。

现在我们随着头发来到发根处，看看头部会出现哪些心身问题。

头痛

大家都很熟悉的头痛

每个人都知道头痛是什么感觉。我的很多病人虽然是因为抑郁、焦虑或者进食障碍来看医生的,但是都有头痛的问题。大部分人头痛的时候,只会忍着,或者最多就是给自己开一点止痛药,吃一片扑热息痛或者阿司匹林就完事了。或者有些人就关掉灯,躺着休息,期待头痛好转。

每两个德国人中就有一个每年至少会经历一次紧张引起的头痛。对于这种感觉,典型的描述就是"头好像被钳子夹住了一样"或者"感觉头马上就要炸了"。

头痛的原因

头痛的原因多种多样,五花八门。科学文献里提到过的就有200到300种。它们当中有些是危害性极高的,有些则完全不用担心。有些疾病会直接导致头痛,例如偏头痛和丛集性头痛。肿瘤和感染也可能会引发各种头痛。除此之外,疼痛障碍和抑郁症等心理原因也可能会导致头痛。

如果头痛得十分严重，而且感觉很异常，一定要立刻看医生，查清楚原因。头痛反复发作的话也应该进行详细的诊断。如果可以排除其他躯体疾病因素的话，大部分的头痛都是可以有针对性地进行治疗的。有长期慢性头痛的患者，可以尝试写头痛日记，找出什么是可能引起头痛的原因，什么又会加重或减轻头痛的症状。

心理状态对偏头痛和紧张性头痛等多种头痛都有影响，会影响疼痛的强度和持续的时间。因此就算排除了出血、肿瘤、感染和静脉窦血栓等危险的疾病因素，当出现新的头痛症状时，最好还是应该去看一下医生。

压力

如果你长期头痛的话，可能需要好好考察一下自己是不是有心理问题。因为可以肯定，头痛和一个人处理压力和信息的方式是有关联的。头痛和偏头痛的患者，在面对压力时，倾向于独自一个人去解决，而不愿意寻求周围人的帮助。没有头痛问题的对照组则不会这样。因此，长期头痛的人，有必要反思一下，自己是如何应对压力的。但是偏头痛型人格，也就是偏头痛的人大多有某些性格特征的说法却无法被证实。

有些时候，头痛反复发作也是一种无意识的自救机制，帮助你打开降落伞，紧急自救。头痛的话，你就有正当的理由停下来了，而不用直接去跟别人说你受不了了，需要休息了。有些时候，心理上被压抑的痛苦也会通过头痛表现出来。这种情况下，治疗过程就需要帮助患者将无法表达的感觉用言语表达出来。

摆脱心身陷阱
第10篇：止痛药引起的头痛

当身体向我们发出各种信号时，其实是向我们表明它在超负荷运转了，它受不了了。但是我们很多人都习惯于去麻痹身体。我们会去吃布洛芬，因为吃了之后就可以继续工作了，就不用去管头痛是为什么会叫我们停下来了。然而经常吃止痛药本来就会带来一个问题：镇痛药反弹性头痛（Analgetika-Kopfschmerz，Analgetika=镇痛药），这种头痛甚至有可能每天都发生。这是一种从早上就开始的持续的闷痛，和大家在碰到事情之前出现的紧张性头痛几乎无法区分。过度使用镇痛药的心理动机其实是对头痛继续发作的恐惧。出于这种恐惧，人们会过于频繁地、过早地服用止痛药。当你几天或几周之后忘记吃药，或者不想继续吃药了，就会出现戒断性的头痛。药物远比你想象得更容易导致戒断性头痛。要摆脱这一陷阱，首先是要在专业人员的指导下进行戒断治疗。第二点是要认识到自己对头痛的恐惧心理，也要认识到头痛其实是一种信号，提醒我们现在过于紧张了，超负荷运转了。这时需要有药物以外的方式，帮助自己进行放松。

背部疼痛：最常见的躯体形式疼痛障碍

头部往下就是喉部和颈部，然后直接连接到背部。

背部疼痛经常是持续性的。人体的运动系统由骨骼、关节、韧带、肌腱和肌肉组成,由于直立行走和久坐所造成的压力,以及运动的缺乏,精细的运动系统很容易出现各种问题。骨骼系统也经常会真的出现一些小的磨损,磨损的位置会产生疼痛。正常状况下,身体会在我们无意识的情况下自动对疼痛信号做出反应,让我们动作柔和一些或者将肌肉紧绷起来,以保护磨损部位。这很容易形成一种恶性循环,紧张的肌肉会引起新的疼痛,疼痛又会导致肌肉更加紧张。导致我们需要长时间请病假、提前退休和进行不必要的诊断的背部疼痛中一大部分都是属于这种情况,都是因为我们的保护行为而才一直好不了的。

有一些背部疼痛是由器质性的原因导致的,例如急性腰椎间盘突出、风湿和肿瘤。因此,当背部出现疼痛时,应进行详细的检查。如果发现上述问题,则需进行针对性的治疗。但是也有很多"不明原因"的背痛(之所以叫这个名字,是因为找不出确切的原因),是由于过度保护和生活压力太大导致我们精细的支撑系统——脊柱失去了平衡。包括脊柱在内的运动系统整个都是为了运动而存在的,也只有当它很好地发挥了自己运动的功能时,它才能保持健康。缺乏运动会增加受伤的风险,比如使人容易在做出错误的动作时发生脱臼。

另外,人脑对疼痛的感觉会受到人情绪状态的影响。你可能也有过这样的经历:当你经历了糟糕的一天,在邮局碰到不友好的员工,工作没有进展,学校或者疗养院传来了你孩子或者父母不好的消息,这时候你会觉得疼痛好像比平常更严重了。那么我们怎样才能提高自己对背痛的管理能力呢?我们可以主动地去解决诸如冲突之类的遗留问题,而不是将它们当作一个长期的负担去逃避,这可能会对减轻背痛有些帮助。背痛的时候,不要觉得应该休养,甚至卧床休息,而是更应该多运动,可以四处走走、游泳或者骑自行车。如果一定要做案头工作，也可以借助办公桌支架等工具，站一会儿坐一会儿交替进行。总之逃避和休养是绝对错误的做法。

接下来，让我们一起进入到头部里面的世界。

穷思竭虑和强迫行为

在脑部，我们所有的经历、语言和思想都无时无刻地转化为电信号和生物信号。然后大脑里储存的生物信号就会构成我们的思想和感受。就像一个投影仪一样，放进去数据资料就能往墙上投射出电影来。是不是很神奇？可惜的是，一个仪器越是精细，就越容易发生故障。

穷思竭虑

我想你一定知道强迫症是什么感觉。强迫性的思维（不停地想，没有结果），就像一个圈一样没有终点，也是一种强迫，不过不一定算得上是一种疾病。

当你想到工作中有一场艰难的谈话要进行的时候，脑子里就开始有恐怖的画面了。你总是会不停地去想可能发生在你以及你亲近的人身上的事，反复地为此担忧，就像在脑子里预览会发生的情景一样。又或者你只是躺在床上，很想睡觉，但是脑子里在想要做的某个决定，把利和弊都分别列了出来。你一直想，好像想不出个结果，也不知道要想到什么时候才能停下来。

这种强迫思维的典型特点是，即使你知道想也没有用，不想想了，但是也没法停下来。

重点是这种强迫性是否严重。每个人都可能会陷入某个问题或想法里。但是这种倾向有多强？它会占用你多少时间？在极端的情况下，患者可能会觉得他的想法具有了某种"魔力"，他想的不好的事情真的会发生。或者他会觉得自己的想法可能伤害到别人。这些全都有可能是真的，哪怕他（在意识层面）其实根本就不希望这些事情发生。

为什么思维会让人痛苦

导致强迫性思维的原因有很多。一个常见的解释是，内心一方面有愤怒，一方面又不能将愤怒发泄出来，这二者之间的矛盾导致了强迫性思维。内心想要掀桌子找某人算账的冲动不得不被压制下去，剩下的就只有脑子里对这件事情不断地思考，对那些攻击场面的幻想。本来要用于攻击的能量只能通过抱怨、犹豫和胡思乱想来消耗掉了。这样一来，对自己的愤怒的恐惧就先缓和了下来，这会让我们稍微感到放松一些，更重要的是，一场麻烦的争吵得以避免了。

强迫行为的倾向往往在两岁到三岁左右的肛欲期就已经初步形成了。这一时期的孩子可以独自行走，而且也可以控制膀胱和肠道排便，因此他的自主性倾向就会不断增强，会和父母之间进行很多权力争夺的游戏。如果这一过程中父母对孩子进行了过多的批评和惩罚，那么他就不得不把自己的冲动压制下去。

所以说，强迫行为和小时候对冲动的压抑是有关联的。因为父母的批评，孩子会慢慢觉得某种原本很正常的感觉或渴望对他来说是危险的，这就会影响到他的思维框架和内在逻辑。这样的人在碰到不好相处的上司的时候，可能就会一直犹豫到底要不要辞职。我们在心身医学里面将这种现象称作"转移"。转移是一种心理防御机制。当不可能将情绪（你的不满）发泄到原本的对象（你的上司）身上的时候（因为你害怕找上司理论），为了减轻压力，心理会促使你寻找一个另外的目标。

强迫症的病例

我有一个病人叫米尔科。在我们的谈话中，我得知他的母亲是一个非常注重整洁干净的人。因为他母亲永远都在说他父亲马虎邋遢，他父亲可能实在是受不了了，在米尔科出生不久后，就离开了他和他母亲。米尔科没有办法，只能配合他母亲，让他怎么做就怎么做，也不问为什么。

当米尔科开始他的第一段感情时，他毫无征兆地突然开始出现很严重的强迫症状，而且他自己那时候并没有意识到是什么原因导致的。他在出门前会反复检查窗户关没关好，厨房的火关没关。他有时会检查很长时间都没法出门，直到他女朋友都不耐烦了，直接取消整个约会。尤其是当他们两个人计划一起去干点什么开心的事情，或者他们的感情有新进展的时候，强迫的症状就会尤为严重，对他的生活造成了很大的困扰。

从心理动力学的角度来说，米尔科有一种强迫检查的疾病。而且同时也伴随着强迫思维，总是认为自己有什么事情没注意到或者把什么弄错了，担心会发生不好的事情，比如说发生火灾。这种疾病典型的特征是，如果他不去重复检查的话，就会产生强烈的恐惧和焦虑感。

在这个案例中，其实是因为米尔科在母亲严格的管教下成长，他不知道如何去满足自己内心愉悦、攻击和性欲的冲动。在他两岁、三岁、四岁想要尝试一些新事物的时候，他母亲总是事先制定好了一套规则，列出了条条框框。

当他成年之后，对性行为产生好奇，开始有性和愉悦的需求。但是这些东西只存在于他的想象里，而且似乎只有对自己放弃控制才会获得快感。这就会使他的心理失去平衡，使他不得不压制住自己的冲动（因为他小时候没有过放弃控制和规则的经历）。当他内心产生这些愿望时，心理会驱使他无意识地做出强迫行为，企图掩盖过去，以此来避免去做那些他内心真正想做而又害怕的事情。这样他就可以制造一种假象，觉得这些问题和自己完全没关系（比如，我能允许他跟我有多亲密呢？）。但是他常常会因为自己的强迫行为而产生羞耻感。

在这里我还想补充一点，在有些疾病中，强迫症状是有另外的意义的。比如精神分裂和情绪不稳定型人格障碍的患者，他们的强迫行为其实更多地是为了"保持"自己的人格，防止自己内心孤独瓦解。对他们来说，强迫行为就像是护栏一样，让他们有东西可以扶住，不至于倒下去。所以现在在对强迫症进行治疗时，都需要先对疾病进行精确的诊断。很多时候，强迫行为都是对陷入困境的心理的一种保护。

可以做些什么？

首先要认识到，强迫症之所以叫强迫症，就是因为无论你再怎么想忍住，也是忍不住的。患者会"强迫性"地去想或去做某些事。很多时候，强行克制也是没有意义的。因为强迫症其实正是心理在紧急情况下重新保持平衡的一种方式。你想要克制住强迫行为，就好比是站到一辆正在往山下滚的车子前,企图用自己的身体挡住它。结果只可能是你被撞翻,然后车子继续滚下去。所以说,一定不要强行去压制自己的强迫行为。

限额

强迫症患者可以和自己做一些约定,对特定的思想或检查等行为的时间进行规定。比如试着将一天中洗手的次数控制在八次之内,检查灶台的次数控制在三次,每次不超过十分钟。

要接受强迫症,把它当作你生活的一部分,可以给它起一个好听的名字,毕竟它是我们自身为达到内心平衡所做出的一种努力。如果强迫症对你造成了很大的困扰,那么就有必要去看医生。想从医生那获得治疗的话,可以先从写强迫日记开始,把自己的强迫思维和强迫行为、持续的时长和当时的心情记录下来。用小的练习本就可以(你可能还记得读书时候用的那种本子)。你可以写下每天的日期,然后按照时间顺序记下自己身上发生的症状、持续的时长、重复的次数、当时的心理状态和感受。

很多时候强迫症的作用都是抑制恐惧感,通过建立秩序和不断地检查获得每一种事物都在自己的掌控之下的安全感。如果想要找出强迫症的根源,可以想一想生活中有没有什么事情让你感到恐惧和焦虑。是不是害怕将要失去什么?你是不是某个犯罪行为的受害者,或是自己犯了什么罪?是不是想要超过谁,但又不允许自己这样做?是不是有什么梦想的事情要实现了?

引起心理和心身问题的原因并不总是失业、分手、赔钱等消极的事情。很多看似美好的事,比如结婚、继承遗产和升职也有可能会诱发严重的心理矛盾。

减负

患有强迫症的人也可以考虑将自己的一部分任务交给别人去做。或者，如果可能的话，把任务先暂时完全放到一边，不要继续消耗自己。这样就可以让强迫症没有发生的土壤。当然，如何把责任交给别人，是需要学习和练习的，不过很多时候将任务分配出去其实是件很好的事。你可以仔细想一想，甚至可以写下来，如果某些事情完成得没有那么完美，到底会有怎样的后果？是会造成灾难性的后果，还是其实也没什么关系呢？

关于强迫症，还有一点也很重要：在童年和青少年时期的某些阶段，出现强迫症是非常正常的。你们可能也见到过，小孩子有多喜欢那些仪式感的东西，喜欢重复同样的过程，比如每天要说晚安。这可以使他们有安全感，减少他们心中的恐惧。强迫症就是坚持做某种自己认为是对的事情，这其实也是儿童健康发展过程中的一部分。

有强迫症状的人，通常都会有某些性格特征，比如说有条理、有高度的责任感、勤俭节约，或者有时候也会比较固执。这些特征其实在生活中是很有帮助的，可以让我们成为一个可靠的人。

要不是我性格中也有"强迫症"的一部分，我也不可能完成我的医学学业，也不会写这本书。所以说，我们每个人都应该感谢自己内心强迫的部分，只要它在一定的限度之内，就是有益的。

强迫症的心理治疗

如果强迫症严重地限制了生活，就需要进行治疗，其中最有效的手段就是心理治疗。很长时间以来，人们一直都认为行为疗法是治疗强迫症最好的方法，可以让患者戒掉强迫行为。但是有证据表明心理动力学中个人或团体治疗的方法对改变强迫症状有很好的疗效，不过这方面还需要进行更多的研究。心理动力学的疗法对于愿意参与其中的患者来说，是有很大帮助的。

在治疗中，我们试图去寻找症状背后隐藏的原因。做25次心理咨询，一直聊火是不是关了，门是不是关了，是没有意义的，重要的是其背后的原因。但是要找到背后的根源，并不总是那么容易的。强迫症的人通常都倾向于不太重视和他人之间的交往。这种防御行为有助于内心暂时的稳定，因为它其实是把注意力放在事情本身上，放在检查的行为上，而不用去想自己情绪上真正的感受是什么。

强迫症患者所做的事情，经常都没有什么不对，而且也是符合逻辑的。只不过不断地重复某一件事情，会导致其自由的程度受到限制，而且也会消耗很多的能量。

首先，患者和治疗师之间必须要相互信任，建立一种良好的关系。然后患者要学会接受自己的一些不好的愿望、冲动和感觉，允许它们的存在，承认它们是自己性格的一部分。这个过程通常会需要很长的时间，也很艰难。如果可以做到这一点，强迫症状通常就会消失了，或者降低到很轻的程度，患者会感到更自由、更有活力，也更能好好地享受生活。同时，对于他身边的人来说，他也会变得更好相处，因为他现在敢于将自己的感受表现出来，而不需要通过强迫行为发泄自己的情绪。这样一来，别人就会知道他是什么样的，也会觉得他更真实。

另外，我们也可以从大脑生理学的角度来看强迫症。在强迫症中，发挥关键作用的是基底神经节，尤其是其中的尾状核。强迫症患者脑核的这一区域神经活动会增强。有趣的是，经过成功的心理治疗后，不仅各项强迫症状都会减轻，大脑扫描结果也会显示正常。

摆脱心身陷阱
第11篇：克服入睡困难和胡思乱想

我们当中的很多人可能都有入睡困难的问题，而入睡困难常常都是胡思乱想导致的。可能经常发生这样的场景：你看了一眼时间，然后气得不行，想着我怎么又睡不着。没剩几个小时的时间很快就过去了，然后我们体内会产生很大的压力：肾上腺会分泌肾上腺素等活力激素。这时候你会毫无困意，十分清醒，不停地想只睡了这么一会儿，接下来这一天要怎么办。

这个问题跟我们前面讲到的强迫症其实是同一种机制，它也和强迫症一样，不是用意志力就可以克服的。在睡不着的时候，更要清楚知道，不是你"想"睡着就可以睡着的。你应该要不停地告诉自己："睡不睡都没关系的，身体需要睡眠的时候自然就会睡着了。"诀窍就在于，不要刻意地去做什么，而是让身体自己去完成。

另外一种方法是，想一想睡不着的时间可以用来干什么，然后起床去做。睡不着的时候，人们总是会把缺乏睡眠对接下来一天的影响想得过于严重。很多凌晨才睡着的人都会惊讶地发现，虽然只睡了很短的时间，但是仍然可以很好地应对一天的工作和生活。

晚上睡觉前，最好是要完全避免电子屏幕的蓝光辐射，不要使用电脑、手机、平板和电视,更不要到处点赞和看新闻,况且社交媒体上很多新闻都是假新闻。这些东西只会让人激动,使心理和身体都活跃起来,而不是让人平静下来。然后你还可以在睡前喝一点热牛奶。牛奶中含有褪黑素和色氨酸,它们都是对睡眠有促进作用的。虽然含量很低,但是你知道的,这些事情都是图个心理安慰,你觉得它有用它就会有用。而且如果养成了一定的睡前仪式感,那么肯定是对入睡有好处的(喝牛奶可能也是小时候遗留下来的一种习惯吧)。

要想克服失眠,那么在一整晚都没有睡着之后,一定要注意白天千万不要补觉。因为如果你白天睡了,晚上肯定又会睡不着,这就会形成恶性循环,使你睡眠的节奏难以调整。

疑病症：对于疾病的恐惧

思维感觉和身体器官之间相互影响，会造成一种叫作"疑病症"的常见现象。

疑病症是什么？

我们当中的很多人都会偶尔有疑病的症状，或者至少在你认识的人当中，肯定有这样的人。

疑病症是指，非常害怕和担心会患上严重的疾病，于是过度地关心自身健康，尤其是会不停地观察自己的身体状况。而当他去看医生的时候，永远都是查不出什么问题的。

我很乐意帮助疑病症的患者，但是我知道不是所有医生都这样的。我觉得，担心自己的身体出问题是很自然的一件事情。每个人都希望自己的身体是完好无损的，我们怎么能阻止人有这种最基本的诉求呢？当然，我一个学医的有时候也会怀疑自己是不是得了什么病。医学生都会把最近在学校里学到的疾病亲自体验一遍，这已经是一个公开的秘密了。就算没有真的得病，也会在噩梦里梦到，或者脑补担心自己得病的场景。

而且，对疾病的担心和恐惧其实是很普遍的。一个普通诊所接待的病人里有5%到10%都是疑病症的患者。

疑病症背后的原因是什么？

和其他很多心身疾病一样，疑病症的背后也存在着深层次的原因。我们无意识的口误、混淆和身体出现的各种症状，其实都是在向我们提醒着一些什么。我们身上从头到脚每一个部位出现心身问题，都有其背后的原因。

对疑病症的患者来说，医生进行病理检查之后没有发现任何问题的安心感通常并不会持续多久。在疑病症的人身上，感知会代替感觉。

这是什么意思呢？你只要观察一下疑病症的人就会发现，他们的注意力完全在自己身上，他们会倾听自己的身体，甚至去摸索自己的身体。比如他会把手放到胸口上感受心脏，还会去"分析"各个器官的运行状况。疑病症的人一方面会非常关注自己身体所发生的变化，会极其仔细地去感知自己的身体，另一方面他们又在感觉上非常麻木，感受不到自己的身体真正处于什么状态。他们就像活在一个气泡里，完全沉浸在自己的想法和恐惧当中，而不愿意承认医生所说的，以及检查结果所呈现的。也就是说，他们对自己的身体有另外一套理解，并且把它当作现实。这就会导致其他人不把他当回事，甚至笑话他。

在一个人早期的经历中，母亲过于关心和忧虑容易导致其出现疑病症的特点。由于有这些早期的经历，他长大之后在碰到困难和矛盾的时候会回归到身体的焦虑上也就不奇怪了（更多相关内容请参见下面的《摆脱心身陷阱——第12篇》）。不停地关注自己的身体、饮食、观察和检查各器官的运行状态,不仅仅是对身体的一种关注,其实也是一种逃避,一种与身体以外世界的隔离。同时疑病症还会伴随着一些没有什么具体原因的焦虑。其实我们每个人在生活中都会有这样那样的焦虑,只不过有时候你注意到了,有时候没注意到。短期而言,把注意力关注到自己身体上,是有好处的。但是长期这样就可能会导致严重的疑病症。

摆脱心身陷阱
第12篇:重新建立对自己的信任

对自己的身体和健康状况感到过度的担忧,其背后其实是对自己和身体器官的不自信。这可能是小时候受到了过于焦虑和担忧的父母的影响,从而把这种"报警反应"深深地刻进了脑海里:"小心!这样你会弄疼自己的!"或者"这个绝对不行,绝对不能做!"父母在说这些话的时候,自身带着多大程度的焦虑感,也就是话语中所传递的情绪,是对孩子影响最大的。如果父母是关心的、充满爱的语气,那么孩子长大后在碰到害怕、焦虑的事时,也会这样安抚自己,控制住自己的恐惧情绪。

如果你小时候没有能够学会这一技能,那么现在成年之后要做的就是:自己充当父母的角色!小时候依赖父母的事,现在要练习自己去做。

你可能会问了,安抚自己到底要怎么做?这时候,要把我们的内心世界想象成由几部分构成:其中有一部分是一个害怕的、不安的孩子,他担心自己身上有什么问题,并且自己解决不了；另一部分是一个健康的成年人，他成功地走到了今天，并且取得了很多成就。然后你就可以想象，这个大人会对孩子说些什么。另外，他会不会摸摸这个孩子，或者做些别的什么，来安抚他。不要只是说一些简单的客套话去安慰他，最好是能够舒服地坐在沙发或地毯上，不受任何打扰，好好地幻想一下这个场景。这个孩子此刻到底需要什么？如果你能想到两三句可以对孩子说的话或者两三件可以给孩子做的事，就把它们记下来。等到你自己疑病症发作的时候，就可以用到这些方法。必要的话，也可以多次重复这个想象的过程。

还有一点：如果身体了出现新的、完全不清楚原因的不适，一定要先去看医生，做检查！

可以做些什么？

因为过度的恐惧焦虑，以及不断的自我观察，疑病症患者的生活会受到很大的限制。这时就有必要进行专业的心理治疗。

但是也有几个患者可以自己采取的方法。有一个关系良好的家庭医生，在你出现对疾病的恐惧时可以信任，是很重要的。重点是，要能够信任自己的医生，相信他的诊断，不要一直让他给你做更多的检查——这样只会让情况变得更糟糕。如果你是焦虑时喜欢在网上查阅各种信息的那类人，那么让你完全戒掉这个习惯可能是不现实的。但是你可以少看一点，给自己规定时间，比如每天不超过十五分钟。这样做有助于让你不至于失控。

还有一个方法也会很有帮助，就是积极地去看待自己的疑病症。那些比较关注自己身体的人，通常确实能够更早地发现自己的疾病，因此也就可以获得更好的治疗。所以说疑病症也是有一定好处的。

你还可以去想一想，你家里的其他人，爸爸、妈妈、兄弟姐妹，他们在生病的时候是怎样做的，他们是如何应对自己的恐惧和焦虑情绪的。你可以问问自己，他们有没有生过病。也许你会发现一些一直没有被提及过的事情，急需被表达出来，因为如果不说出来的话就会导致你对自己的身体缺乏安全感。这种情况下，心理治疗师最能起到帮助的作用。因为很多疑病症的患者都有亲人生重病，或者较早离世的经历，他们需要有意识地去梳理这件事，只有这样，对疾病的恐惧才会停止。

心理和饮食：吃东西对我们意味着什么

我们的人体之旅还在继续，现在到达了口腔。从这里开始就是我们的消化道，包括口腔、食管、胃、小肠和大肠。接下来我们会谈到饮食，以及它对心身的重要性。

有几种不同的进食障碍症，都是心身疾病很典型的例子。

人都要吃东西

无论你现在是健康还是疾病状态，饮食对于我们每个人的生理和心理都有着举足轻重的作用，而且在日常生活中我们常常没有意识到这一点。

饮食除了可以为我们提供营养之外，还会给我们带来怎样的影响呢？

首先要知道，在我们出生之前9个月的时间里，我们就会通过胎盘和脐带从妈妈身上获取营养物质。而出生之后，我们又会被哺乳和喂养。因此，每个人都会带有一种早期的印记，那就是摄取营养其实是被喂养的过程，而被喂养必然需要依赖他人才能完成。我们从母乳里摄取的营养物质，要么来自母亲哺乳前吃过的食物，要么就是在母亲体内合成的。

与此同时，从一些古老的、相当残忍的动物实验里，我们了解到，那些完全通过铁丝架进行喂养的猴子幼崽，长大后常常表现出严重的行为障碍。这是因为它们虽然获得了生长所需的营养物质，但是没有受到母亲温柔的照料。它们对和其他动物建立联系不感兴趣，而且也不能很好地抚养自己的后代。喂养孩子远远不止是为孩子提供营养物质这么简单。健康的喂养过程需要将营养输入和肢体关怀（通过抚摸）两方面结合起来。从婴儿刚出生的几个月起，照看的人就应该要能够辨认婴儿有哪些营养需求，并且也应该尊重他的各种需求。另外，除了母乳喂养之外，父亲用奶瓶喂奶也是可以满足婴儿的需求的。

饮食和人际关系是紧密相连的。

不幸的是，当今社会，人际关系总是没有得到足够的重视，总是等到抑郁症或者进食障碍的问题出现之后，人们才会去找治疗师。只有治疗师们会透过食欲不振的表象看到患者精神层面的痛苦，并且有针对性地进行治疗。

那么，对于我们健康的人来说，日常生活中饮食的情况是怎样的呢？我们总是会忍不住嘴馋，想吃甜食和炸薯条。同时又有许多人在节食。还有不少人担心麸质（也就是麦胶）和牛奶会对自己的健康有危害。

有哪些关系经历在我们身上打下了深深的烙印，而我们是否需要对这些关系重新进行梳理？我们在潜意识中相信哪些关于饮食的说法？或者说如果我们有什么东西"消化"不了，不想吃的话，我们需要远离什么人？到底是什么在阻止我们对这些问题进行深入的思考？

摆脱心身陷阱
第13篇：搞清楚自己对什么东西过敏和不耐受，然后开心地享受美食吧！

从心身医学的角度来说，在出现胃肠道不适时，我建议一定要去找医生进行详细的诊断。其中包括食物耐受性检测，比如德国所有成年人中有15%到30%都有乳糖或果糖不耐受的问题。必要情况下还要进行食物过敏原测试，不过德国人口里只有1%到2%有食物过敏的问题。很多人都担心自己有乳糜泻，也就是麸质不耐受，但实际上只有约1%的人真的患有乳糜泻。目前还无法确定有多少人对麸质（麦胶）敏感，在摄入麸质后会有轻微的腹痛、腹泻，或者还有头痛、无力的症状。但是主观上认为自己有食物不耐受或者食物过敏问题的人数量远比医学检查所证实的人数要多。造成这一现象的原因是，当出现肠道不适时，把它归咎于不耐受或者过敏这些"简单"的原因，可以临时起到一些作用，而且你甚至还可以自己做出改变，即不摄入那些不耐受的食物。症状越是普遍和常见，你就越容易给它套上某种简单的原因，并且还对此深信不疑。

当你在做完测试和诊断后，根据自己不耐受的情况调整饮食，通常胃肠道的不适就会完全消失。

如果检查结果显示你没有特殊的食物不耐受和过敏情况，那么你就应该完全正常地饮食，好好地享受美食，而且也要多跟他人一起吃饭。如果吃东西还是不舒服，那么就需要去诊断一下是不是有什么心身因素在作怪。

压力大的时候狂吃巧克力，可能是一种营造饱腹感的方式。

我们在探讨心身问题时，不能只看"饱腹"这个词字面上的意思，而是也要看到它的引申和比喻意义。我们的心理并不区分食物带来的饱腹感和人与人之间的亲密与关怀带来的满足感。因此，那些不停地要吃东西的肥胖人士的饥饿感我们也可以理解为是一种情感上对亲密的渴望，是一种对他生活中所缺少的东西的渴望。

进食障碍的症状及其功能

进食行为的紊乱与许多疾病有关。在心身医学中，我们会将症状理解为心理出现问题时的紧急解决方案。当人认识到问题的所在，主动去解决问题，采取更成熟、更符合自己年龄的解决办法之后，症状基本上就会消失。

每个人在成长的过程中都会形成自己独特的心理模式，而正是这些模式导致了后来的心身疾病。进食障碍的心理模式是在一到两岁的口欲期形成的（参见"一岁到两岁：爬行和舔咬的时期"一节，27页），因为这一阶段我们会和食物打很多交道。这一时期，我们想自己吃东西，但同时又依赖别人来照顾我们，给我们喂食。照看的人要尽可能地按照我们的节奏来喂食，尽量顾及到我们的需求和感受，这是非常重要的。这一时期我们所有跟进食有关的经历都会对我们造成重大的影响，这些经历会悄悄地塑造我们内心对进食这件事情的看法，是否觉得进食是被强求的，不受自己控制的。而正是这些容易导致长大之后的进食障碍。

还有一个可能会造成进食障碍的重要时间段，就是我们在书的第一部分提到过的自主阶段。如果长期不允许孩子公开地进行反叛，不允许他自己做决定，那么这些压力就有可能会转移到进食行为上。这时候孩子就有可能会偷偷地吃东西,或者拒绝吃东西,因为在这件事情上他可以自己决定,而父母没有办法阻止他。进食障碍的人通常会觉得进食这件事完全是属于他自己的领域,没有人会跟他争,完全由他自己控制。

接下来我们会讲到两种典型的进食障碍。

暴食症

暴食症又叫食欲过盛(Hyperphagie,古希腊语phagein=吃,hyper=过量),是指食欲过于旺盛、过度进食的行为。(可能有些人在看到希腊语的时候想到希腊的美食和美酒,而美食和美酒也正是我们这一章所讨论的内容。)暴食症的标志是超重,BMI指数超过30kg/m^{2}就属于超重。

扩展:我的体重是正常、过重还是过轻?

一个人是否体重过轻或过重,在医学界是用BMI指数来计算的。你也可以做一下这个计算,因为很多人对自己体重的感知是不准确的。有的人认为自己比实际苗条很多,也有的人觉得自己很胖,而实际上根本不是那么回事。

计算过程很简单,用计算器就可以进行。首先用你的身高乘以你的身高(以米为单位),并记下结果(例如 $1.68 \times 1.68 \approx 2.8$)。然后用你现在的体重(以千克为单位)除以刚才得到的数字(例如 $70 \div 2.8 = 25$)。计算出来的BMI指数就是25。计算公式为:BMI=体重÷身高^2。(体重单位:千克;身高单位:米。)

世界卫生组织给出了一个参考的表格。刚才我们举例的BMI指数25处于正常体重到轻微超重之间。

BMI（kg/m^2）	类别
18.5以下	体重过轻
18.5—24.9	体重正常
25—29.9	轻度超重
30—34.9	一级肥胖
35—39.9	二级肥胖
40以上	三级肥胖

肥胖的人患糖尿病、心肌梗死、脑卒中、痛风、痴呆和许多继发性疾病的风险都会增加，并且风险还会随肥胖等级的增加而增加。

体重过重、突然或长期的暴饮暴食都是暴食症的典型特征。

造成暴食症的原因可能是从小缺乏情感上的关怀，从而通过让自己多吃东西去进行弥补。这种小时候形成的心理模式可能会一直悄悄地影响着你。如果小孩一有什么不开心父母就立马拿吃的"堵住他的嘴"（因为父母也不知道如何对孩子进行情感上的安抚），那么这就可能会在孩子的心里形成一种固定的模式。他长大之后碰到问题时也会去大吃一顿，而不是去解决问题本身。他没有学会用建设性的方式去应对各种挑战，因为他小时候出现问题都是通过吃东西解决的。这也可以解释为什么暴食症容易在家庭里聚集性地发生：有些家庭没有将照顾和喂养二者区分开，而是把喂食当作爱的一种替代形式。

另外，肥胖也受遗传因素的影响。

除此之外，缺乏运动、睡眠不足和压力过大也是导致肥胖的因素。压力会使人吃得更多,因为压力大的时候,皮质醇的分泌会增加,而皮质醇会让人产生饥饿感,增强人的食欲。

厌食症

厌食症(Anorexie,希腊语orexis=要求、渴望)是指对食物没有渴望。厌食症的患者大多为(年轻)女性。厌食症不意味着她们不会感到饥饿。更多的时候是她们内心想要减肥的愿望占了上风。为了减轻体重,她们会减少进食,还可能会过度运动或者服用泻药。从厌食症上我们可以很清楚地看到,人的感受、行为、社会环境和身体机能之间是如何相互影响的:

——感受:"我太胖了。"

——行为:"我基本上不吃什么东西了。"

——身体:逐渐消瘦并出现缺乏某些物质的迹象。

——环境:震惊、担心,想要提供帮助。

在这个过程中,由于身体缺乏必要的营养物质,能量不足,又会再一次影响到心理,形成一个循环。这时候,人会感到疲劳,注意力难以集中,思维也会受限,这都是因为没有足够的能量,而大脑的运转需要大量的能量。形成恶性循环之后,摆脱厌食症就会变得越来越难。

有趣的是,厌食症只出现在食物丰富的地区。人哪,真是种矛盾的生物。

我在医院里见过很严重的厌食症患者,他们躺在床上就剩一副骨头架子了,一点力气都没有,大脑的供能也极其不足,以至于在跟人谈话时都无法专注。我们试过给病人插胃管,输送必要的营养物质,但是病人经常会自己把导管拔掉。厌食严重的人,几乎是自动地、不受控制地就会做出这些行为。哪怕他们内心其实有一部分是想要改善自己情况的，但是往往还是做不到。他们想要变瘦的信念如此强大，身体的新陈代谢和奖励机制都完全以变瘦为标准，导致他们没有办法做出改变。很难想象他们的心理对身体有着多强的控制力。

我必须要提一下，厌食和暴食一样，并不总是有害的。在青春期和快要成年时出现的厌食反应就是一种无害的厌食反应。这时有些人可能在形成自己的角色认同时碰到了困难，或者碰到了性方面的问题，于是会阶段性地拒食、减肥，但不会造成什么灾难性的后果。这种形式的厌食症大概率会自行恢复。

我给家长的建议是，不要恐慌，千万不要骂孩子，冷静地去跟家庭医生或者儿科医生说一下这件事。除了明显的体重下降之外，缺乏营养还可能导致很多其他的后果：月经停止、血液电解质紊乱伴随心律失常、骨质流失等。因此，除了进行心理治疗之外，对身体进行仔细的医学检查也是十分必要的！

厌食症除了会受到遗传因素的影响之外，主要是一些特定的心理模式引起的，很大程度上取决于一个人如何看待自己和他人。很多进食障碍患者的核心问题都是，她们不想承认自己生理上和社会属性上的女性身份。这种焦虑和排斥心理被逼到了无意识里，通过想要减肥这一症状表现出来。瘦就意味着看起来不那么女性化，而且更像孩子。不过患者自身通常不会意识到这些。

同时，在患上厌食症之后，患者会觉得对自己的身体拥有了绝对的掌控力，可以减少外界对自己的影响（减少进食就象征着减少外界的影响），他会觉得自己完全独立，不需要依赖任何人。但是有意思的是，患者事实上常常很难摆脱家人的影响，无法剪断和父母之间的联结，变得自主。因为父母总是想要给孩子最好的，竭尽所能"喂饱"他，而孩子只会进行抵抗，偷偷少吃。家人的热心和孩子的拒绝会形成一个恶性循环。这种情况我已经见怪不怪了。

有些情况其实不属于进食障碍

原则上，我建议每个人出现体重减轻的问题时都应该去看医生。因为导致体重降低的原因有很多，而且其中有一些需要专门的治疗。

比如抑郁症会导致食欲不振。内心冲突也可能会导致呕吐，这是一种转换障碍，心理因素直接作用于胃部和横膈膜的肌肉，这种行为也是带有象征意义的。另外还有精神分裂，也就是精神病。比如有的人总是妄想，害怕会中毒所以减少食物摄入。还有一系列的躯体疾病也会引起体重的减轻，包括肿瘤、代谢紊乱（比如甲亢）、隐性的感染和一些非常罕见的疾病（比如食管贲门失弛缓症，患该种疾病的人食管括约肌无法正常工作）。

大家在家里很难判断一个人是否有进食障碍，有时连医生都很难判断。因为当事人常常会对症状进行隐藏，否认自己有呕吐、服用泻药和暴食等行为。而没有这些线索就很难判定进食障碍。

该怎么做？

厌食症是一种很危险的疾病。在所有进食障碍中，厌食症引起的营养不良和自杀的死亡率最高，因此一定要引起高度重视。厌食症和贪食症（暴食然后催吐）、暴食症一样，都需要儿科医生、家庭医生、心身科医生、内科医生和心理治疗师等多方面的配合，才能达到良好的治疗效果。很多时候既需要在心身专科或内科进行住院治疗，还要结合长期的门诊治疗。但是治疗的具体步骤都要根据患者个人的情况去制定。

饮食是一个深深根植于我们文化中的话题，每个家庭也都有自己的饮食习惯。下面这些方法可以帮助我们，改善自己的饮食。

摆脱心身陷阱
第14篇：弄清饮食对你的意义

1. 我们每个人都是独一无二的，没有人在亲密关系和饮食方面和我们有一模一样的经历。因此，当我们觉得那些标准化的节食菜谱、饮食计划很难执行，而且对我们来说不起作用时，也不需要责怪自己。

2. 弄清饮食对你来说意味着什么。请你花点时间好好想一想，你（父母）家里是怎样吃饭的？大家是否重视吃饭这件事？一般都吃什么？是谁做饭呢？你有好好吃饭吗？在你们家，吃饭除了饱腹之外，还有没有其他的功能，比如说让人感到安慰和平静？

3. 如果你想吃得更健康、更规律，或者是想少吃一点，首先你都需要有一样东西，那就是一张餐桌。你家里的每个人都应该要在餐桌旁有一个舒服的位置，或者哪怕你是一个人生活，也应该有一张像样的餐桌。餐桌要收拾得恰到好处，让你能够每晚有一个舒服放松的时间，安静地想一想一天中发生的事，和家人聊聊天。弄张像样的餐桌对我的很多饮食障碍和肥胖的病人都很有帮助。我也是花了好几年时间才发现，几乎所有患有饮食方面问题的人都不会好好在餐桌旁吃饭，他们会在地上、电视机前或者写字桌上吃饭，或者直接站着吃饭。

4. 给自己做点什么好吃的吧。从思考做什么、查菜谱、买食材到烹饪，再到最后吃饭，可能需要花掉两个小时到四个小时的时间，但是是很值得的。你不需要做出什么完美的料理，但是一定是你自己喜欢的，独一无二的。你完全可以对自己的厨艺感到自豪。如果你是和家人共同享用你做的饭菜，那么这个过程还可以增进你们的感情，对健康也有积极的促进作用。

5. 想要改善饮食，首先要改变观念。你可以多了解饮食健康方面的知识，多学习好吃的菜谱。自己烹饪可以增加吃饭的乐趣。还有一个小妙招，就是当你看到感兴趣的食谱时，立马就去试着自己做。通常这样饮食障碍的问题自然而然就解决了，因为人在做菜的时候就会比较容易有胃口。

6. 只要你饮食均衡，保证摄入了足够的水果和蔬菜，也偶尔吃鱼、肉和奶制品，而且你的身体状况良好，那么你就完全不需要担心自己缺乏什么维生素。你从正常的饮食中就可以摄入身体所需的一切维生素和微量元素。如果你怀疑自己有进食障碍，可以去做个血液检查，看看体内是否缺乏某些营养物质。

抑郁：不只是难过

现在广泛存在的一种疾病——抑郁症是发生在我们人体的哪个部分呢？抑郁症其实既涉及心理，也涉及生理。抑郁症是多种疾病的统称，它对人的思想、感觉、体验和行为都有很深的影响。因此我把抑郁症归到身体的中心，即中部。

抑郁症是全世界范围内的第一大疾病，它会对人的生活造成很大的限制，还会使人丧失工作能力。超过5%的德国人在一生当中有患抑郁症的经历（和患焦虑症的人数差不多）。随着现在人口预期寿命的增长，越来越多的老年人也受到抑郁症的影响。老年人和青少年、产后妇女都是抑郁症的高发人群。

抑郁症关系到我们每一个人

几年来，我在给全科、妇科、泌尿科和很多其他科室的医生做"心身护理基础"的培训时，都会涉及抑郁症的话题。在我的课上，医生们会学习在现有治疗手段的基础上，在心身方面快速为患者提供帮助。我的课通常持续好几个小时，参加的医生人数大约有50人。当我们大家在一起讨论的时候，经常都会发现，抑郁症是一个关系到我们每一个人的问题。大家要么亲身有过抑郁症的经历，要么就是身边亲近的人里有患过抑郁症，或者仍然在与抑郁症抗争。很多上过我课的医生都为突然丧失了生活兴趣的抑郁症患者提供过贴心的关怀。

脱节

我经常被问到一个问题，那就是抑郁和普通的悲伤情绪有什么不同。为了回答这个问题，我们想象有两个人一起走在街上。其中一个人只是很悲伤，另一个人则患有抑郁症。那个悲伤的人哭红了眼睛，走得很慢，步履蹒跚。而那个抑郁的人眼神呆滞涣散，好像周围的一切都与他无关，走起路来动作僵硬得像一个机器人。他们两个人经过一家餐馆，里面很热闹，从餐馆里传来人们的谈话声，还有美妙的音乐，露台上还飘来阵阵食物的香味。服务员热情地招呼他们进去。我们看一下这时候他们两个人的内心活动，就会发现不同之处了。悲伤的人会开始想："也许在这样一个餐馆的露台上坐着吃餐饭可以转移一下我的注意力。大吃一顿应该会对我有好处。说不定我还可以在吃饭的时候跟谁聊聊我的烦心事呢。反正至少闻起来是很香的，通常我会喜欢在这种地方吃饭的。"抑郁的人虽然也看到别人在餐馆里吃得很开心，闻到饭菜很香，听到别人在聊天，餐馆里放着优美的音乐，但是所有这些事情都打动不了他。餐馆里发生的一切都与他无关。虽然这些事情他都看在眼里，但是全都不会激起他心里的任何感觉。无论餐馆里怎样人声鼎沸，他都不会想要踏进去半步，而且他也不明白，别人为什么会喜欢在餐馆里吃饭。

也就是说，悲伤的人是可以被其他情绪传染的，他会被某些东西所吸引，也会愿意去做。但是抑郁的人感受不到任何生机，世界和餐馆对他来说都失去了吸引力。哪怕被美食的香气所包围，他仍然觉得自己是孤立于世界之外的。

悲伤的人心里充满了悲伤，但是他仍然可以把这些悲伤情绪当作内心的指南针，根据自己的内心状态调整自己的行为。但是抑郁的人内心完全是空的。

抑郁症的人会感到压抑和沮丧，做什么都没有动力，感受不到自己的价值，而且会不停地责怪自己（"我去了只会打扰到其他吃饭的人"）。他们总是会为自己所处的困境感到自责，而又无能为力。深深的无助感经常会导致他们对其他人产生盲目的依赖。

不可见

抑郁症最可怕的后果是自杀。有些人内心实在是痛苦不堪，觉得生活毫无希望，好像只有自杀才是最后的出路。

虽然抑郁症看似非常可怕，但其实再严重的抑郁症都有有效的治疗方法。关键是要去看医生，查清楚到底是哪种形式的抑郁。抑郁症这种病很大的一个问题在于，许多患抑郁症的人对外都表现得很开心，很能适应各种情况，在医生面前也看起来很健康，但其实他们的内心却是崩溃的。外在表现和内心实际的痛苦之间的矛盾，也是造成抑郁的因素之一。

当一个人手受伤了，打上了石膏，其实很快就会痊愈，而且一般不会有任何的后遗症。但就是这么一个不太严重的问题也远比抑郁症容易被人注意到。在我看来，这是我们所有人的一个弱点：我们经常会因为看不到某件事，而且也不担心会有什么直接的后果，就觉得无所谓。

所以说我们应该睁大眼睛，竖起耳朵，多注意身边是否有人常常自己一个人待着，不再进行日常活动，或者甚至有意地避免社交和联系。这些人可能会需要帮助。

抑郁症是可以治疗的。如果你或你的家人、朋友、邻居陷入了心理情绪的困境，甚至想要伤害自己，请立即前往医院急诊部，去找信任的医生，或者拨打24小时心理援助热线电话0800/1110111[①]。我和我的朋友——精神科医生杨·德雷尔（Jan Dreher）在我们的博客频道PsychCast.de会分享很多和心理相关的话题，从不同的角度探讨心理问题。因为我们做过一期自杀有关的内容，所以我们和心理援助热线的人也有联系。他们真的非常负责，乐意提供帮助，这是一件很好的事。

接下来我将会向你们介绍抑郁时身体内部会发生什么变化，这些过程是完全不容易被注意到的。但是根据现在最新的知识，抑郁症绝不只是一个精神层面的问题。

身体和心理同在一条船上

"抑郁症都是自己想出来的！"或者"都是心理问题造成的"，我们总是会听到这样的说法。很多人也会不假思索就认为这些说法是对的。

有些人为了自己的利益，会故意加深人们对抑郁症的这种印象，以便他们将一些非医学的手段运用到抑郁症患者身上。而这些做法很多时候对患者并没有什么好处。下面是我对抑郁症的看法，后面我也会解释我为什么会这么认为：

抑郁症是一个典型的心身疾病，它会同时影响到身体和心理。

[①] 国内可以拨打12320热线（政府公益热线电话），也可以拨打4001619995（"希望24热线"生命教育与危机干预中心热线，志愿者24小时接听）。——编者注

抑郁症在身体上的反应

我们心身领域的医生在过去几年里受到心理神经免疫学很大的启发。这个年轻的领域研究的是心理、免疫系统和人体最大的系统——神经系统三者之间的关系。

心理神经免疫学现在说得最多的一个词就是"非稳态负荷"（Allostatic Load），也就是非稳态（Allostase）这个概念。它是说大脑是我们最大的压力器官，它会根据需要对下属各系统进行调节。当出现抑郁时，这一机制的平衡状态就会遭到破坏，报告机体持续的应激反应，导致中枢神经系统，比如海马体（大脑的一个区域，主要负责记忆）的结构发生改变。引起非稳态负荷的主要原因是社会压力，比如遭受排挤、羞辱等。

持续的应激反应接着会导致生理变化：包括血清素神经递质减少，促肾上腺皮质激素释放因子（CRF）活性增加，去甲肾上腺素循环紊乱，多巴胺系统活动减少，免疫系统激活，下丘脑—垂体—肾上腺轴过度活跃，血小板活化变差、心率变异性降低等等。请原谅我用了这么多专业术语。我只是想说，抑郁症患者的体内真的会发生很多变化！

顺便说一下，抑郁症的症状与免疫系统过度激活引起的症状非常相似（这些症状也被称为细胞因子引起的病态行为 Cytokine-induced Sickness Behavior）：乏力、意志消沉、嗜睡、食欲减退、回避社交、注意力下降、痛觉敏感……抑郁症和躯体疾病一样，都会对我们的身体造成生理影响。

因此，抑郁症如果拖得时间长了，也可能成为冠心病（冠状动脉"钙化"）的一个危险因素，和吸烟的危害一样。

所以说，抑郁症不单纯是一个心理疾病。它不是"臆想"出来的，也不会很快消失，而是一种可能危及生命的、高度复杂的身、心、脑疾病。

人为什么会抑郁？

前面已经提到，抑郁症会影响到心理和生理两个方面，把生活弄得一团糟。但是，人是怎样患上抑郁症的呢？经常有病人问我："抑郁症是一种完全偶然的疾病，每个人都有可能得，还是说其实是有办法预防的呢？"

身体检查

当你出现抑郁的症状，首先第一个要做的，也是最重要的，就是去做检查，排除其他可能引起相同症状的躯体疾病。

因为看起来抑郁，和真的患上抑郁症完全是两回事。我碰到过一个患者，他很积极地接受抑郁症治疗，但他实际上是患了脑瘤。甲减、肝炎和潜伏性的炎症都可能会引起抑郁的症状。贫血，也就是缺少血红细胞也可能会导致类似的症状。

抑郁症通常是由心理和生理原因共同造成的，因此治疗的时候也应该注意两方面都顾及到。

现在好像流行一有什么问题就说得抑郁症。但当出现症状时，请务必一定要找医生给身体做全面的检查。

抑郁症的形式和产生原因

抑郁症是一种情感障碍，也就是说是人的情绪生了病。抑郁症有几种形式。需要区分单次发作和反复发作，病情也可轻可重。有些人在经历失业、离婚、亲人离世等生活中的重大事件后，无法承受，会出现反应性抑郁。还有一种慢性的、神经性的抑郁，也叫作抑郁性神经官能症。患这种抑郁症的人会持续感到心情低落，但是生活不至于受到严重影响。这种抑郁的产生原因通常是以前习得的心理模式对人当下的感知造成了扭曲。还有一类内源性抑郁症，和生活中所发生的外部事件没有关联。因此人们一直认为这种抑郁症是由于血清素系统（一种神经递质系统）的变化造成的。至于一个人到底得的是哪一种抑郁症，通常都是介于上面提到的这些分类之间，是多种形式的混合体。

心理、生理、社会等多方面因素都会参与抑郁症的发病过程，通常都是多种因素共同作用，最终导致抑郁症的形成。遗传也在中间起到一定的作用，也就是所谓的遗传脆弱性。不过现在还没有证据指明哪个基因对抑郁症进行编码。

接下来我们会讨论抑郁症的心理因素。

童年埋下的隐患

一个人看待世界的方式可能会提高患抑郁症的风险，甚至诱发抑郁症。而人对世界的认知都是基于童年的经历。童年经历的情感剥夺、过度保护甚至创伤都会储存在无意识里。当生活碰到困难的时候，或者仅仅是想到某些事情的时候，这些储存下来的经验模式就会被激活，毫无征兆地爆发，导致抑郁。

我的病人马丁就是一个典型的例子。他父母在他六岁的时候分开了，这件事情对他母亲打击很大。马丁跟我说，经常别的孩子还在学校，他妈妈就提前把他接回家了，因为在和他爸爸分开之后，她不愿总是一个人待着。但是马丁自己的愿望和想法很少得到重视。爸爸走后，妈妈更多的是把他当成了"家里的那个男人"。

马丁童年的这些经历在抑郁症患者当中是很典型的。孩子需要获得关注和爱。如果这一愿望没能得以实现，很早就需要满足他人的期望，他们就会出现失望、愤怒、好斗甚至憎恨的情绪。但是像马丁这样的孩子非常聪明，适应性也很强，他们不会发火，不会把内心的攻击性表现出来。他们为什么不这么做呢？因为他们知道，如果这样做的话，那么仅存的一点爱和关心也会岌岌可危了。所以他们没办法，只能有点眼力见。但是失望的感觉和攻击的冲动没那么容易消失，那么他们只有将这些不良情绪转向自己。这样做从短期来看是有好处的，因为可以避免和父母之间发生进一步的冲突。他们会对自己说"也许是我不值得吧，所以妈妈才不会满足我的愿望"，或者"可能是我想从妈妈那儿得到的太多了"。他们不会让内心的负面情绪影响到自己和父母的关系，这样他们就不至于完全失去自己的至亲。

你看出来抑郁症患者的思维模式是怎样的了吗？觉得自己没有价值，觉得自己得到的太少，要求的太多。而且他们会想，我为什么要站出来维护自己的利益呢？

抑郁症的人就是带着这样的思维模式生活的，他们的内心始终充满着矛盾。他们通常不会直接说自己想要什么，因为在他的童年经历里，就是不说会比较好。但是如果其他人真的没有发现他的需求，他又会感到非常失望。抑郁症一个很常见的诱因就在于此。

马丁也是这样的。他的工作是汽车销售。他业绩非常不错，顾客都对他很满意，和同事之间的关系也很好。但是当销售主管的位置空出来的时候，他的同事英戈却抢了先，因为英戈总把想升职这件事挂在嘴边。我在给马丁进行心理治疗的时候发现，他其实是希望大家能看到他的能力，认可他，把这个职位给他的。英戈被任命为销售主管的那天，马丁就抑郁了，请了假。十天之后他到我这儿来看病，来的时候十分拘谨、沮丧，说话声音也很小："我完全无法胜任我的工作。"十天里他一直在跟自己做斗争，一直有想伤害自己的想法，因为他觉得没有地方会需要他这样的人。

马丁很快就好起来了，因为他开始分析自己抑郁的原因。他慢慢理解了为什么其他人会不太能意识到他的存在。他渐渐学会勇敢争取自己的利益，和别人据理力争，因为他发现这样做也并不会造成什么严重的后果。而他以前不敢这样做是因为小时候不能跟妈妈起冲突，害怕妈妈离开自己。

事后他问了同事和领导才知道，他们都觉得他并没有表现出想要当销售主管的意愿。不然的话他们会把职位给他的。这些话让他感到安心了很多。他终于打算把生活的主动权掌握在自己手里了。

哪些东西可以抵抗抑郁？

只有当对话解决不了问题，或者患者根本不想跟我对话，还有症状过于严重的时候，我才会开抗抑郁的药。但是对于特定事件引起的抑郁症，像马丁的情况，药物根本就没有用。如果我给马丁开抗抑郁的药，他吃了之后可能做事情会稍微有动力一点，这样他就会又逼自己去上班。但是真正造成抑郁症的问题并没有解决，随时可能会爆炸。

另外，抑郁症其实是有隐藏的保护功能的。它使马丁暂时脱离了那个让他感到压力的环境。抑郁相当于为他踩下了急刹车（马丁是卖车的，我们就用跟车有关的词汇来说），让他可以停下来好好照顾一下自己。提高情绪的药物也许可以给他加点燃料，但是却不知道他会驶向何方。而且，我如果给他开药的话，他就会觉得解决问题的钥匙在我手上，而不是在他自己手上。

恐怕抗抑郁药最好的地方就是它的名字，这个名字会让人抱有很大的期望：抑郁症的人吃了抗抑郁药就会好了，而且这种观点已经深入人心。

有一些抑郁症，没法从思维模式或者童年的经历上去找原因。在这些情况下，可以尝试使用药物手段进行治疗。如果失眠、缺乏动力和想自杀等急性的症状通过抗抑郁和镇静类的药物可以得到缓解，那么就可以继续使用。

急救措施

想要让自己从抑郁的状态中走出来，可以采取的措施有哪些呢？一说起抑郁症，人们总是会说起积极心理学，用积极的想法去替换掉那些消极的想法。这真的有可能吗？

我的回答是：对，也不对。神经生物学已经有研究清楚地说明了，在哪些情况下，积极的行为会有助于抑郁症的恢复。你可以列出一百件积极的事，比如烹饪、散步、见朋友。但是这些事情的帮助其实很有限。这些词通常都过于笼统，而且人在抑郁的时候对这些事情也不会有积极的体验。

我们可以利用那些从早期经历中获得的积极思维模式。但是我们也要看到自己的那些不好的心理模式，理解自己小时候的经历，因为只有这样才能解释抑郁症为什么会在我们身上爆发。因此，治疗的第一步当然是要找到那些以前对我们有用的资源——自己有哪些能力和手段曾帮助我们渡过难关。这些资源只是暂时被埋没了，没有被注意到。

受限于大脑的结构和它的奖励机制，我们几乎不可能突然赋予以前对我们没有特殊意义的事物以特殊的意义。尤其是，当人处于抑郁状态时，他的思路会比较闭塞，感觉也会比较迟钝，所以很难让他对新事物产生兴趣。但是利用以前就存在的资源就不一样了。马丁以前碰到不开心的事情时会转移注意力，去玩电工组装玩具，焊接电器。

这样他可以沉浸到自己的世界里，而不需要母亲的肯定和赞许。当他成功把零件焊接到一起的时候，他就会很自豪，他的自我价值感也会得到提升。——至少后来马丁和我是这样理解的。

马丁在治疗期间，第一件可以坚持做下去，并且还可以稍微感到喜悦和自豪的事，就是组装了一个收音机。

摆脱心身陷阱
第15篇：抑郁症患者应该问自己的问题

1. 我童年时、上学时和成年后都喜欢做什么事？可以从以前喜欢做的事情着手！

2. 有没有哪个人，让我想快点摆脱抑郁去见他？

3. 受抑郁症折磨的人一定要请病假休息。这是很必要的，而且这也是你的合法权益。你现在突然"偷来了"一些空闲时间，那么你想利用这个时间做些什么呢？有没有什么事，是你一直想尝试，但是平常太忙了没有去做的？其中有没有一些，现在可以去完成呢？

4. 你最好列一个清单，把自己喝了多少酒、抽了多少烟，或者服用了多少其他的药物给记录下来。这些都会加重抑郁的症状。你可以问问自己，是不是可以减少一些用量？

5. 你是不是想通过抑郁避免面对什么争吵、冲突或者难堪的事？你可以和信任的人聊一聊，听听看他们觉得目前的状态适不适合去解决冲突。也许直接面对，解决清楚了会让你更舒服呢？

6. 还有最重要的一点：运动。有没有可能开始练习健走呢？运动可以激活身体。健走的抗抑郁效果几乎跟专门的运动治疗不相上下。关键在于你知道运动的好处之后，能不能真的行动起来。

现在深吸一口气。

呼吸困难和恐惧焦虑

我们顺着身体继续往下，就来到了肺部。特奥多尔·冯塔纳（Theodor Fontane）的一句名言是："能够自由呼吸就是（最大的）幸福。"

肺部和自由

自由呼吸对于健康的人来说是一件理所当然的事情。但是有哮喘或慢性阻塞性肺病（COPD）的人都知道喘不上气有多么可怕。

无法获得身体所需的氧气，会让人感到很恐慌。这其实和溺水的情况类似，我们无须进行什么思考，恐惧感就会帮助我们自动地逃离危险环境。就相当于在说："我没办法呼吸了，快离开这里！"

支气管和肺部疾病引起的呼吸困难会激活负责逃跑的交感神经系统，使压力激素皮质醇的释放增加，同时血压也会升高。身体这种自动的反应反过来又会刺激大脑，加强人体的恐惧感。简单来说，就是身体和心理会陷入一个恐惧的循环。当事人自己、他身边的亲人以及医生都很难帮助他摆脱出来。

看着身边的人呼吸困难是很不舒服的。这种恐惧感会蔓延到周围的人身上，使你自己的呼吸频率也跟着加快。尤其是一些慢性疾病患者的家属有时候会刻意避免和他们待在一起，因为眼看着身边的人喘不上气实在是太可怕了。而患者最害怕的事情就是被孤立。在医学治疗的过程中，一定要注意消除患者的孤独和恐惧。患者和家人也应该积极寻求心理援助。

恐慌会导致换气过度

我们已经讲到了肺部和支气管的问题，其实还有一种心身疾病，你和你身边的人可能也经历过。我还清楚地记得我上学的时候好几次，老师让几个情绪激动的女同学往一个袋子里呼气。她们的眼神里充满着恐惧，手不断地抽搐，握成爪子的形状。

"换气过度综合征"的发作通常持续时间不长，而且不会造成什么严重的后果。发作时会明显恐惧不安、呼吸急促、心慌、身体发痒麻木，有时还伴有抽搐。换气过度属于一种躯体形式障碍，它给人一种好像是躯体疾病的印象，但实际上是源于心理的极度紧张和愤怒，通常是由于人与人之间的矛盾所造成的。

如果本身就比较焦虑，或者有焦虑症的问题，那么换气过度就会更加频繁发作。

恐慌感会导致呼吸急促，呼出过多的二氧化碳（二氧化碳实际上是人呼出的废气）。但由于血液中二氧化碳含量过低，血液的pH值会升高，呈碱性。这就会导致血液中钙的含量降低，引起神经和肌肉的过度兴奋。所以说，二氧化碳虽然本来是应该要排出体外的废气，但是它的含量过低也会导致代谢失衡。肌肉会发生痉挛，神经也会出现感觉障碍，所以有些患者会感到手脚麻木。而这又会加重他的恐惧感，使他呼吸越发急促，构成一种恶性循环。在这种情况下，他必须要清楚自己是呼吸过度了，而不是呼吸得不够。

有两种方法可以帮助换气过度发作的人：你可以与他进行交谈，安慰他，拥抱他，使他安静下来；你也可以拿一个塑料袋举在他的嘴巴前面，让他往塑料袋里吸气和呼气，持续几分钟，这样也可以解决问题。第一种方法是安抚情绪，消除引起换气过度的原因。第二种方法是让他重新吸入呼出的二氧化碳，从而使血液恢复正常，症状消失。

换气过度发作的时候，其实是不需要使用镇静剂的。用镇静剂就相当于拿大炮去打麻雀，太小题大做了，没有必要。如果反复频繁发作，找出背后隐藏的情绪原因才是更好的做法。如果一直没有好转，就需要考虑躯体因素，因为一些急性的肺部疾病也有可能会引起换气过度。

心脏

我们再从肺部来到心脏。

肺部和心脏的关系十分密切,是因为它们有着共同的使命,即为身体提供氧气,这是身体获得能量的过程中至关重要的一步。我们大家都会把这两个器官看得十分重要,这可能也是因为肺和心脏的工作都具有节律性,我们只需要倾听一下体内发出的声音,就可以时刻监测它们的运行是否正常。像肝脏和肾脏就不能通过听音来分辨了(我这么说你肯定不会有意见吧),但其实它们对人体健康也同样很重要。

从我们的日常语言中就能看出,人们通常都认为我们的情绪是来自于心脏。谁没体会过心碎的感觉,谁又没表达过衷心的祝愿呢。德国20世纪80年代著名的流行歌曲《心贴心》中,心脏也是恋爱的象征。

然而与此同时,心脏也常常充满着恐惧。你可能也听说过心脏骤停或者心梗死亡的案例。另外,心脏的不舒服在医院急诊科和心内科也很常见。很多患者虽然感到不适,但检查结果却显示正常,这说明心脏也是一个很容易受到心理影响的部位。比如当人的自尊心受到伤害时，心脏就容易出现问题。心脏部位的不适有：胸闷、压迫、心慌、心悸，以及担心心跳会停止而恐慌发作等。

心脏可能出现的问题

许多心脏疾病都有心理和躯体两方面的原因。其中有三种疾病我想跟你们一起详细地看一看。

心肌梗死

心梗是一种常见的疾病。它其实是冠状动脉疾病长期得不到缓解而最终导致的结果。冠状动脉疾病是指为心脏输送氧气的狭小动脉脂肪堆积，形成"钙化"。冠状动脉硬化通常发生得很隐匿和缓慢，压力过大、缺乏锻炼、糖尿病、肥胖、脂肪代谢紊乱和吸烟等很多因素都可能会加重动脉硬化的程度。这些疾病和不良的生活方式都反映了一个人的心理状态，心理的问题随着时间对身体的影响会越来越大，当然其中就包括对心脏。

如果这时候遭到欺凌、排挤，失去重要的人或物品甚至生存受到威胁，情绪突然遭受巨大的打击，那么这时候身体的应激反应就有可能造成血栓堵塞心脏动脉血管，引起心梗。

通过对大脑进行扫描，观察情绪中心杏仁核的运动，科学家们证实了主观的压力体验和动脉血管的炎症反应之间有直接的联系。而且人们还发现，哪怕不抽烟、不缺乏锻炼、没有上面提到的任何一项危险因素，也可能会因为突发的心理问题而暴发心梗！很多人经历心梗之后又会有新的心理问题，比如没有安全感、意志消沉、自我价值感降低。他们会很担心心梗再次发作，身体再次出现问题。

高血压

高血压是一种非常常见的疾病，同时也是心肌梗死和中风的危险因素。无数研究表明高血压和自主神经系统之间有着紧密的关联，因此也就和心理状态息息相关。每次在医生面前量血压的过程也能很好地说明这一点。不少人一看到穿着白大褂的医生就紧张，血压控制不住地飙升。人们把这种现象称作"白大褂高血压"。日常生活中碰到紧张的情况时，血压也会升高，通过提高动脉的血压为身体细胞提供更多的氧气和养分。放松时血压降低，身体就可以放松，节省能量。因为现在很多人都长期处于压力当中，所以很多人都持续血压高。

摆脱心身陷阱
第16篇：高血压的虚伪表象

高血压就像是抗抑郁药，它会让你感觉非常舒服。人高血压的时候会比低血压的时候感觉好很多。

很多高血压的患者都不喜欢降压药，因为血压降下来之后人会感到疲倦乏力，兴致也会降低。他们会觉得以前处于紧张的状态人反而还"舒服"一些。这就会导致他们很快就自行把药停了，或者三天打鱼两天晒网，不按时吃药。因此，了解高血压对人体血管和器官的危害是十分有必要的。

从另外一方面来看，我们也需要思考一下，是不是真的要用降压药。血压降得越多，植物神经系统和心理的潜意识就会越多地参与调节，去升高血压，因为升高血压和应激反应本来是为了给人体提供更多的氧气。如果血压降下来了，但压力仍然存在，那么身体当然会去升高血压，毕竟这就是它的工作。因此，在治疗的时候可以多考虑有哪些自然的手段可以降低血压。关于这一点我们在本章后面还会提到。

心脏焦虑神经症

心脏焦虑神经症是指对自己心脏的焦虑成为了真正的负担，限制了正常的生活，这种疾病有很多名字：心脏神经官能症、心脏焦虑障碍、心脏病恐怖症、心脏病疑病症等。各年龄段的男性女性都有可能会得这种病，尤其常见于20～30岁的年轻男性。

每当碰到心脏焦虑神经症的病人时，我就会想起我在一家大型医院急诊部工作时的情景。总是有体形精瘦结实的男性来看病，怀疑自己有心肌梗死。如果我们没有像电视剧里看到的那样，立马把他送进心导管室去做检查，他就会瞪着圆圆的眼睛看着我们，感到十分不解和诧异。每当这种时候，我的同事护工们白眼都要翻到天上去了。这些病人通常都觉得自己快死了，手放在胸口，担惊受怕地跟我们说"我好像心跳马上就要停了"。多数时候我同事的判断都是对的。病人只是出现了早搏，即规则的心脏跳动之外出现突然提前的心跳。很多人一生当中都会经历早搏，对健康没有什么影响。而正是因为恐惧，早搏才可能会更频繁地出现。

不过，这个病其实是很难说的。我也见过真的有28岁的年轻人得了心梗。但是单纯地望诊是看不出来的，必须要做心电图和血检，有时还需要做心导管检查。在身体检查的同时，也需要进行心身的诊断。

根据著名的心身学教授和教科书作者米歇尔·艾尔曼（Michael Ermann）的说法，心脏焦虑神经症背后的心理原因是受到侮辱和伤害时没有意识到自己的愤怒，或者没能及时将不满表达出来，而是强忍了下去。当事人从此之后就会对自己的心脏产生一种矛盾的情感。一方面他会把全部的注意力放在心脏上，就像他希望别人把全部的注意力放在自己身上一样。而同时他又始终担心自己会突发心脏病死亡。他觉得心脏只要有一下没跳，他就要死了。艾尔曼认为，这是受到伤害的愤怒转移到身体而形成的症状。这种情绪的转移还有一个作用，就是会让当事人去看医生，而不用去面对那个对他造成伤害的人。在理想状况下，医生会给予他足够的关注，毕竟心脏不适真的有可能会危及生命。

为什么患心脏焦虑神经症的大多是年轻人呢？因为心脏焦虑经常是因为想要寻求独立和发展而导致的。受到的伤害和由此产生的愤怒是摆脱父母的自然动力，他们想要脱离父母，去走自己的路，但是又心存负罪感。心脏焦虑使他们不得不接受一定的限制，但同时他们也会获得一定的安全感，因为这样他们就不用去面对充满诱惑和危险的世界了。毕竟关注自己心脏的跳动肯定不会给自己带来危险。

我在引言部分写到，我18岁的时候为什么会对心身医学产生兴趣。我做完肺部手术以后，经常会时不时地感到心慌，那种感觉是压倒性的，令人感到十分的恐惧。但是我的心脏并没有什么器质性的问题。

艾尔曼教授的理论在我自己身上得到了验证（当然我是后来才知道这个理论的）。那个年龄段，我潜意识里想要探索世界，尝试各种不同的事情，突破自己的边界。但是刚做完肺部手术的我能行吗？我如果太冒险的话，身体会不会出现新的问题呢？当我把注意力转向内在，专注于自己心跳的节奏，我会发现自己心悸，会害怕心脏出问题，但是我就不用去考虑外界的那些事情了，跌跌撞撞地成长也没关系。所以心脏的不适相当于暂时帮我解决了问题，解决了我在"狂飙突进"的年龄所面临的人生难题。

该怎么做？

如果心脏不舒服的话，应该怎么办呢？有很多不同的事情都对心脏有好处。下面我讲几点，有些你们可能知道，有些可能没听说过。

一、不管心脏有什么问题，第一步永远是要接受和接纳。这听起来很简单，做起来却很难。但是我们只有勇敢地接受挑战，才是真的准备好要做出行动了。我工作过的一个心身诊所会给心脏不舒服的病人开"心脏药膏敷贴"。其实就是让病人把一个涂有植物药膏的毛巾放在胸口。这样的敷贴有镇静的效果。虽然从生物学的角度来说，药膏并没有实际的作用，但是整个过程和动作充满了爱，会让人觉得自己被关怀，心脏部位受到了保护，因此会感觉很好，甚至真的能减轻不适，减少心血管系统的压力。

二、用"拉远视线法"降低压力水平。当你碰到一件非常生气的事情时，比如收到一封气人的信、碰到不礼貌的邻居，或者办事的时候碰到不友好的柜员，这时候你可以尝试进行缩放，拉远视线，从当时的场景中跳脱出来。缩放之后，你会看到更大的区域，也会发现自己的人生除了眼前这件烦心事之外还有很多其他的内容。同时你也应该就事论事，而不要感情用事。你可以问自己："发生了什么事？"而不是"他又要对我做什么！"你可以从一个旁观者的角度去观察自己，不管你此时是手里拿着一封信、刚碰到了邻居，还是在某个办事员的桌前准备要走，从旁观者的角度去看待你的情绪就没有那么容易受影响。释放情绪是有利于心脏健康的，而且你会发现随着练习你会越来越熟练。诀窍是，每当你发现自己陷入了旧的思维模式时，就立马拉远!

三、运动对心脏很有好处。而且运动抗抑郁的效果也不输药物。你可以先每周两次,每次运动20分钟。根据每个人膝盖和腰背的状况,可以选择慢跑、健走、跳舞、骑车或者游泳。你可以接着做你以前喜欢做的运动。找到自己喜欢的运动方式,比逼自己去健身房要有用得多。不过如果你很享受去健身房,而且在健身房能时不时跟人聊几句,那么对你来说可能也是个不错的选择。

四、为你自己制订放松计划。如果你已经找出了自己心脏不舒服的原因,知道它是由于你对什么东西的恐惧引起的,那么你就可以根据你的情况制订相应的计划。可能你需要把注意力从心脏上转移到外界。那么你就需要给自己相应的刺激,比如多约朋友一起做些什么。也许读一本有意思的好书也可以帮助你转移注意力。相反,看电视和上网虽然看起来好像可以让人放松,但其实会让我们不断地接触大量的信息。读书的好处在于,它有固定的开头和结尾。哲学家阿里阿德涅·冯·席拉赫(Ariadne von Schirach)将新媒体称作"无止尽的机器",因为它们会让人停不下来,而又不会给我们提供什么高质量的新信息。

我们一定要能够有意识地调节自己使用这些媒体的时间和强度,要让它们为我们所用,而不是让我们成为它们的奴隶。

创伤后遗症——缺失的安全感

如果我们从上往下审视我们的身体,企图找到创伤经历会在哪些身体部位留下痕迹,那么我们可能很难得到确切的答案。所以我把它暂且放在人体的中部,把这一章内容放在肺部和心脏之后。暴力、事故和失去挚爱的痛苦会遍布人的全身,在每个细胞的DNA里,在器官的结构里,在大脑和心灵都刻上烙印。

关于心理创伤及其后续影响,现在有大量的研究。现在,这些人不用再为自己有心理创伤而感到羞耻,他们也不容易像以前那样遭受多次的伤害了(先是创伤事件本身,然后是社会对他们的污名化)。

创伤的过程是很难弄清楚的,很长时间医学界也低估了创伤的后果。因为最严重的创伤有时恰恰是那些最"安静"的。

对身体和心理的未知袭击

Trauma(创伤)一词来源于希腊语,意思是"伤口""伤害"。创伤后遗症是一种创伤引起的疾病。创伤造成的伤害如此之大,如此之深,以至于身体自己的防御和保护机制无法抵挡。

创伤后应激障碍(PTSD)是一种很常见的创伤后遗症。它是指在经历灾难性的威胁之后出现的对自我的疏远和情绪的麻木。创伤后应激反应的患者在经历创伤很久之后还时常想起创伤发生时的场景。哪怕已经过去很久了,环境也都是很安全的,那些可怕的画面和声音也可能会毫无征兆地又一次出现在脑海。发作时患者会颤抖、出汗,外界的安全感对他们来说起不到多大的作用,因为他们内心的安全感已经被破坏了。于是他们会回避跟创伤事件有关的东西,避免想起当时的情景。患者通常记忆和睡眠都有问题,还有注意障碍,易激动,也容易受到惊吓。

创伤患者所失去的,是对其他人来说像呼吸一样理所当然的东西,即感到安全的能力。

这不仅会对人的心理造成影响,还可能会(根据创伤事件的不同)通过免疫系统、压力处理系统和疼痛记忆对所有的躯体过程造成影响。创伤在人的心灵和躯体上都会留下痕迹。

人际关系的创伤

有一点我们必须要知道,那就是很多人的创伤并不是由大的事件引起的,而是源自于一些长期的伤害,而且周围的人可能都完全注意不到。

这很多时候都是人际关系中的创伤,是多年情感和身体上的虐待累积起来,最终所形成的。尤其是小孩如果很早遭受创伤的话,他还没办法用语言把发生的事情说出来。他们没有办法用理智去理解发生在他们身上的创伤事件,也不知道它为什么会发生,这时候就会出现一些躯体症状。对于这些孩子来说,经历创伤是非常可怕的,而且会造成很大的心理负担。他们会有强烈的不安全感,而且也会有自我认同的问题,会不知道自己是谁。他们的自我认识(也就是他们觉得自己是一个怎么样的人）会根据不同的情况发生剧烈的变化，很多事情在他们眼中都是不真实的，他们在这个世界上似乎没有稳固的根基，因为他们内心深处有强烈的不安全感。

摆脱心身陷阱
第17篇：不是所有不好的、难过的经历都是创伤

"创伤"这个词很多时候被用得太滥了。经常有人经历了可怕的、难过的事情，或者碰到了不公平的待遇就觉得是创伤。他们会去找创伤专家寻求帮助，但是专家不会按照创伤来进行治疗，而这又往往不利于他们症状的改善。很多时候，医生都不会说这不是创伤，因为直接说的话可能会导致医生和患者之间发生冲突。这时候如果能有人诚实地告诉患者，有很多事件会对人造成心理负担，但事实上并不会造成医学意义上的创伤（当然每个具体情况都要具体分析）。这些事件常见的有：亲人侮辱性的话语，亲人符合自然年龄顺序的相继离世（祖父母最先去世），失业，和男/女朋友分手。

在创伤的诊断中，很关键的一点在于，一定要是从客观上有灾难性的、有生命威胁的事件，才能算作是创伤事件。很多其他的心身疾病是更多地取决于患者主观的体验和感受，以及他的经历和背景。如果你经历了不好的事情，并且感觉自己无法承受，那么首先应该寻求医生和心理咨询师的帮助，尽量不要坚持认为自己经历了创伤。你们也要知道，悲伤、恐惧和愤怒都不是病，而是在我们经历不好的事情之

后恢复的过程中产生的正常情绪。知道这些之后，也许你会松一口气。

求生急救舱

接下来你们会了解到人体在紧急状况时的自救程序。看完之后你们就会明白，为什么有很多经历过创伤的人不需要治疗也可以过得很好。

我们心理发生的过程可以模拟成这样：通过复杂的心理和生理过程，人体会构建很多个"相互分离的小舱"。当遇到无法忍受的情况时，人就会把各种感觉运动信息（人体对自身状态的感觉和反馈），例如感觉、运动和情感储存到这些小舱里。当碰到一些让人回忆起创伤事件的情况时，这些信息就会重新被激活，使人突然心脏剧烈跳动、发抖、麻木。而当事人自己还不知道为什么会突然这样，也不知道是什么事情引起的。

这个过程称作解离（Dissoziation，也称分离或分裂）。健康的人其实也会有轻度的解离。也许你也有过这样的经历，你正在做什么重要的事情，沉浸其中，完全听不见房间里其他人在说什么。又或者你哪次开车的时候听广播听得入了迷，过了几分钟才反应过来，好像都不知道刚才是谁在开车。当然你的身体自动在开车，而你的意识却关注在广播的内容上。创伤的分离舱也是类似的原理，只不过分离得更加强烈一些。患者会认为自己当时根本就不在现场，那些不好的事情根本就没有发生在自己身上。

构建这些舱房，把可怕的感受关到里面去，对于当事人来说可能是唯一可以让他们继续生活下去的方式。这种做法可能会奏效，也可能会导致创伤后遗症。如果出现创伤后遗症的话，就必须要进行心理干预了。

创伤后遗症会极大地损害患者的心理、身体以及他的人际关系。许多患者带着很严重的躯体症状去看医生，有时候医生也没有注意到背后所隐藏的心理创伤，只是对躯体症状进行诊断，而这样的治疗并不能减轻患者的痛苦。这时就需要将心理和躯体相结合的现代医学对创伤造成的心理和生理后果进行准确判断和相应的治疗。

完全的掌控力

有创伤后遗症的人，自己可以做的首先是建立外在的安全感。如果创伤是由某个人造成的，那么就应该杜绝和这个人的一切往来。当事人还需要决定是否追究他的法律责任，在大多数情况下我强烈建议要这样做。

安保团队

剩下的事情就交给医生和心理治疗师这些专业人士去处理。有一些半专业的人认为一定要尽快"回到创伤当中"，再经历一次。在有些情况下，这确实是治疗中的一个重要环节。但前提条件是，你已经具备了和以前不同的处理创伤的能力，能够从另外的角度去审视发生的事情，并且把以前的记忆覆盖掉。这其实是一个掌控力的问题。掌控力是创伤的死对头，而创伤总是因为对生活失去了掌控力而引起的。

我想到我的一个病人妮娜，她的前男友逼她卖淫。她每次被送到嫖客那里去的时候，都会出现奇怪的身体状况。她无力抵抗，也无法改变现状。在这个案例里，当时重要的不是让她重新回到创伤的场景（伤害和暴力）中去，而是应该要帮助她调整自己，让自己平静下来。这花费了很长的时间。在这个过程中我们采取了各种方法让她远离那些事情。这样有助于在她回忆起那些事情的时候内心保持一种安全距离。在治疗的过程中，我们幻想出了很多虚构的人物，这些人构成了她内心的后援团。当碰到各种问题的时候，她眼前就会出现很多想象出来的小人，都站在她身边支持她，这样在她想起那些可怕的回忆时就不至于孤立无援。

练习室

安全感和掌控力是在患者和治疗师之间拥有良好关系的基础上建立起来的。治疗师应该要保证治疗过程中患者始终拥有绝对的掌控权，可以获得安全感，并且有能力让自己感到舒适。在治疗中要做的所有事情都应该事先跟患者仔细地商量好。这是和创伤过程完全相反的体验，因为创伤总是发生在你没有准备，也无法掌控的情况下。患者要通过练习真正地学会把周围的环境和条件调节到自己舒适和安全的样子。

编插进去

创伤的治疗过程中，很重要的一点是要把创伤编织进患者的人生经历和世界观中去，哪怕他自己并不愿意。

这不是件容易的事，而且和悼念的过程有些相似。他必须要知道，发生在他身上的事情，和他本身所希望的，是背道而驰的。他要知道，自己是某件完全不应该发生的事情的牺牲者，要学会像悼念其他无辜牺牲的人一样，去悼念那个自己。这是一个很让人痛心的过程，但同时也能够很好地让人从事件中解脱出来。我的好几个病人都是这样的。

躯体形式障碍（当医生找不到问题出在哪里的时候）

我们每个人都或多或少经历过躯体形式问题，至少是很轻度的。大约5%的德国人患有躯体形式障碍。很多人口中的心身疾病其实说的都是这一类。

假设我们要开一个心身疾病旗舰店的话，那么躯体形式障碍一定会被摆在一楼最显眼的位置，就像柏林自然历史博物馆那座大型腕龙标本一样。

前面提到的心脏焦虑神经症也可以算作躯体形式障碍的一种。

医学误区

躯体形式障碍被戏称为"救救我——我没有任何问题"的疾病。到家庭医生处看病的病人中，有1/3医生都会对他们说"你什么问题都没有"，或者"目前来看一切正常"。其他专科和急诊中也有大量这样的情况。

躯体形式障碍中躯体指的就是身体，那么也就是说会出现类似于躯体疾病的症状。症状一般比较强烈，而且开始得很突然，很像躯体疾病时的情况。它不是想象出来的疾病（虽然很多人私下里都这样认为），那些不适和功能障碍都是真实存在的。关于这方面存在着一个很大的误解，甚至可能是现代医学中最大的一个误区。当医生说"你没有什么问题"的时候，意思是他在病人身上没有发现属于他的专业领域的疾病。很多时候，医生都是指在器官或组织的结构上没有发现问题。比如说，心肌和心脏瓣膜的结构都是正常的，或者肠壁没有增厚，看起来不像有炎症，而且也没有肿瘤。但这并不意味着该器官的工作没有任何问题。躯体形式障碍的麻烦之处正是在于，患者"没有问题"。这听起来很矛盾吧？

四处求医

当出现腹泻、腹痛、便秘、咳嗽、心跳加快、失眠或皮疹等症状，而医生总是甩手安慰说"看起来都挺好的呀"，这在长期来看会对患者造成很大的困扰。没有被诊断出什么严重的疾病通常并不能让人安心多久。反复发作的各种不舒服会让患者失去耐心，他就会想，是不是医生看漏了什么，哪里没查到。因为他切实地感觉到自己体内有点什么不对劲，可这和医生的判断又不吻合。

患者会不停地更换医生，就希望能找到一个人清清楚楚地告诉他，他到底怎么了。但是一个又一个的医生都只会从自己专业的角度说器官的结构是正常的，于是患者只能继续找别的医生。今天在这儿，明天在那儿，挂了越来越多的号，把时间都排满了。患者会变得越来越不耐烦，一心就想找到那个对的医生。

这种不断的循环叫作"孟乔森综合征"[①]。很多医术被吹得很高

[①] 18世纪时，德国有位叫孟乔森（Münchhausen）的男爵，总是用装病来吸引别人的关注，而且伪装得惟妙惟肖。所以后人以"孟乔森综合征"来命名这种疾病。——译者注

的医生都无法给出诊断，最终跌落神坛。医生经常会迫于压力进行各种诊断，甚至采取一些完全不必要的程序进行干预，最后还是无奈地说："所有能做的我们都做了，你也看到了，没有任何异常。"因为没有得到清楚的诊断，患者会在网上给医生写差评来进行"报复"。这就会引起医患之间的矛盾，不利于医患合作。

情绪防御

躯体形式障碍的病人到处求医无门，终于开始思考自己的病会不会是受到一定的心理因素的影响，于是他们才到我这里来看心身门诊。这时候我们之间的相遇通常会变得很有意思。我和其他科室的医生不同，关注点并不在单个的器官。虽然我会问患者有哪些具体的症状，也需要查看检查的结果，了解已经做过了哪些检查。患者会急切地想要一个诊断，希望症状能很快好起来。他们会对我感到很失望，因为我也没有解药。但是所有这一切我都会看作是疾病的一部分，也会针对这些情绪进行相应的治疗，患者说的那些话，我不会觉得是针对我个人的。

很多时候，长期反复的症状背后其实是一种情绪防御。也就是说，这些症状其实是产生于情绪：疼痛是因为内疚，乏力是因为悲伤，腹泻是因为恐惧。

因为实在承受不了这些情绪，所以心理会进行防御，把它们阻挡在外，驱赶到潜意识里去。但是躯体反应还是会遗留下来，而且会把我们的注意力从原本心理层面的问题转移到躯体的不适上。患者的心理压力会初步得到缓解，现在只需要应付躯体的问题就可以了！另外，不停地换医生，把那些被阻挡的愤怒和恐惧情绪发泄到医生身上，也可以减轻一些压力。不过，实际的情绪问题是"很难消化"的。

腹泻与心理负担

也许你会惊讶于躯体和心理之间竟有如此紧密的联系，物质和非物质的区分其实仅仅只存在于我们脑海当中。

我们现在已经知道了，心理感受和躯体感受其实是一体的，以往的经历会对现在的身体状况有很大的影响，那么也就不难想到，很大一部分的疾病都是由心理原因造成的，而心理压力也会从躯体上表现出来。

我有一个女患者丹妮丝，很年轻，不到20岁。她有腹泻的问题。这个问题严重到她有时候都不敢去见朋友，因为随时可能要拉肚子。她还做着实习摄影师的工作，工作中她也得时刻想着，什么时候去上厕所比较方便。她的注意力完全都在自己的肠道上，希望通过改变饮食习惯来应对腹泻的问题。

在简单地认识之后，我给丹妮丝做了心身诊断。我们先是详细讨论了躯体方面的情况，肠胃专家排除了一切感染和慢性疾病的可能性。于是我开始和她聊她的人生经历。聊到这些之后，她终于不想再找别的肠胃专科医生看了，也不再要求做胃镜检查了。我和丹妮丝在聊天中发现，她18岁的时候从家里搬了出来，但那时候她实际上对她妈妈还有很强的依赖性。母亲说她总是很焦虑。事实上，所有能做的事情她都为女儿做了，从做饭到接送，甚至空闲时间进行什么活动她妈妈都帮她安排好了。后来丹妮丝慢慢发现，当她一个人待在公寓，完全要自己去规划空闲时间的时候，她不知所措了。她觉得非常地不自在，因为她给外界的印象是很独立的，能力很强的。这种独立生活的恐惧让她感到非常羞愧，这种"屎"一般心情就只能通过排便来发泄出来了。丹妮丝以前上学的时候就有过一段艰难的时光，那时候她的反应就是肚子痛，当时她妈妈非常担心，带着她看了很多的儿科医生。所以说后来的腹泻其实也有迹可循。

当丹妮丝碰到一些困难的事情时，比如当她不知道如何跟同龄人相处时，腹泻可以起到一种保护的作用。但同时腹泻的问题也会导致她跟同龄人之间的联系越来越少。躯体的症状可以暂时减轻心理的压力。然而长远来看，躯体症状自己也会成为问题，还会导致她错过很多重要的场合。从这个例子中我们看到，问题会导致症状，症状又会成为新问题。

克服躯体形式障碍

换副眼镜

如果你是因为有不明原因的不舒服开始看的这本书，那么你已经迈出了很大的一步。因为首先要做的就是抛开自己原有的思维模式。一般的思维模式基本都是这样的："我身体有点不对头，我得去看医生，必须把原因找出来。"了解心身之间的关联是很有用处的，因为这代表着你已经开始从另外一个角度来看问题了，也就是说"换了一副眼镜"。

信任

第二步是要学会信任他人。当医生告诉你你没有任何严重疾病的迹象时，你要相信他。"救救我——我没有任何问题"的情况通常都是人际关系出了问题，是把在人际关系中学习到的相处模式套用到了身体上。而这种相处模式就是导致不信任的症结。为自己身体的不适感到无比担心是因为他们不相信身体自己会做正确的事。他们和医生之间也是一样的相处模式。这样看来，不相信医生的话也就不足为奇了。当你第一次听到医生说你没问题的时候不相信，还很好理解，但是如果三个医生都说你没问题，我就觉得够了，不用再继续换别的医生看下去了。当然，也会有例外，哪怕三个医生都说没问题，也无法百分之百地保证没有任何躯体问题。

逆转注意力

我们已经提到，躯体形式障碍是因为我们始终把注意力放在器官上、身体上、症状上，内心充满了对这些问题的担忧，分散了对于真正引起消极情绪和内心矛盾的事情的注意力。

但是我们可以通过一个简单的方法逆转这个过程：给自己找点事做。这件事是完全为了娱乐还是说有其他更重要的目的，都没那么重要，不过如果能为他人做点什么，效果会更好一些。做点什么事情可以让你把注意力从自己身上转移开。而且，这还是一种一箭双雕的办法。因为躯体形式障碍的人通常自我价值感也会降低，内心会觉得自己没有价值，觉得自己不重要。这时候做一些有意义的事情就很有益处。

和自己的身体对话

最后一个应对躯体形式障碍的方法是，去倾听身体想要跟我们说什么，不要一味地跟疾病作斗争。不过，不要自己瞎对号入座。当某件事请让你"鼻子都满了"[①]，不代表你就再也不想做这件事了；腰痛也不代表你就"没骨气"。这些俗语中的说法虽然很简洁明了，但

---

① 德语die Nase voll haben，字面意思为"鼻子都满了"，表达对某事受够了，烦了。

却不一定符合每个人的具体情况。一定要结合个人的成长经历，以此为背景去理解身体传达出来的信号。

你可以思考一下，你不舒服的那个部位在你家人或者你周围人当中，是否除了原本的生理功能之外，还有什么特殊的意义，例如心脏除了可以给人体输送血液，肠道除了可以分解食物，是否还具有其他的功能。你还可以回忆一下，这些症状在什么情况下、在你做什么事情的时候，会严重地妨碍到你。也许正是在这当中有对你的人生很重要的事，而你现在又不敢去面对，所以借助身体症状来进行逃避。

摆脱心身陷阱
第18篇：认真对待躯体形式障碍

患有心身疾病的人，一定要看去医生。躯体形式障碍也是一样。虽然很多人，甚至很多医生都不知道这种病，而且很多躯体形式障碍的人会被嘲笑，但是一定要去看专业的医生。前面讲到的内容可以作为一个好的开始，但是专业的心身医学诊断和后续治疗是十分有必要的。

皮肤——人体的屏障

再好的东西，没有精美的包装也成不了上好的礼品。皮肤就好比人体外层的包装。它也有装饰作用——但是，它的作用还多着呢！

在我们所有人还不会说话的时候，就是通过皮肤去"感受"世界的，不论是第一次和父母接触，还是第一次洗澡。当我们从子宫被分娩出来的时候，还十分脆弱，从那时起肌肤就成了我们的屏障和保护。

一生当中，皮肤都在帮助我们抵御干燥、紫外线、外界的伤害以及各种化学物质和病原体的入侵。皮肤通过排汗和血流的变化来调节我们的体温，确保人体内环境的动态平衡。

另外，皮肤也是一个感觉器官。它将触觉、温觉、痛觉传递给大脑的感觉中心。它还能够向周围的人通报我们的情绪状态，比如害羞的时候脸会红，受到惊吓的时候脸会发白。借助皮肤上的肌肉，我们还可以做出各种表情，准确地表达各种情绪。从心理动力学的角度来看，皮肤在我们内心世界的作用是区分"内"和"外"，保持自我的完整，和外界划清界限，它也是我们调节与外界距离的渠道。情绪上感染我们的东西，可以穿过皮肤的屏障，进入我们内心。

皮肤在我们的人际关系当中扮演着相当重要的角色，也正因为如此，心身问题也容易通过皮肤表现出来。皮肤科的病人中大约有四分之一都有心理障碍，最常见的症状就是瘙痒。

看看我吧！（别盯着我看！）

安雅的皮肤科医生把她转到我这儿，希望我给她做心身检查。她皮肤严重瘙痒好几周，很多地方都被她抓破皮了，有些地方甚至都感染了。我跟她交谈了一段时间之后才慢慢理解，她所说的在"娱乐行业"工作是什么意思。安雅是一家俱乐部的脱衣舞演员。四周前，因为私密处、腹部和臀部皮肤感染，她没有办法继续工作。她请求我，一定要快点让她好起来，因为俱乐部的老板已经有点不耐烦了。

大家应该都有被蚊子叮过的经历，你越抓就会越痒，因为当你抓的时候，皮肤会分泌更多的组织胺，这又会使瘙痒加重，使你抓得更加厉害，形成恶性循环。

对抗恐惧症

我和安雅商量决定多进行几次谈话，共同找出哪些心理因素可能导致了她的皮肤问题。或者说她的皮肤瘙痒一开始并不是心理原因引起的，但至少是因为心理原因才一直好不了。

我们发现，在公众面前跳脱衣舞对安雅来说可能是一种"抗恐惧性防御"。这个词看起来很复杂，但是说的内容可能很多人都知道，就是说人会无意识地去做一些对自己来说特别难的事情，以获得一种轻微的快感。安雅还是小女孩的时候，经常被父母脱光衣服，站在家门口罚站，有时候站5分钟，有时候站10分钟、15分钟。每当她打扰到父母的"亲密活动"时（据她描述非常频繁且剧烈），就会被这样罚站。通过跳脱衣舞挣钱，安雅终于可以用自愿的、有控制的方式做她以前无法控制的事情：裸体。这就是一种抗恐惧性防御。

安雅的经历中，有好几次都是通过这种无意识的方式，去发泄内心某种强烈的、无法消化的情感，比如这一次就是强烈的羞耻感。羞耻感可能造成的后果是非常严重的，包括对小孩也是。安雅也是无意识地在与这种羞耻感进行对抗。为了消除一切羞耻感，于是她自愿地脱光衣服，展示自己的裸体。

抵御亲密

有意思的是，安雅是在收到老板的私人邀请之后开始出现皮肤瘙痒的。她发现老板想要借机接近她。她对脱衣服这件事情的掌控力好像又要被剥夺了，好像又要受到他人控制了。她的皮肤瘙痒其实是一种防御机制，帮助她避免有威胁性的人与她亲近。这种防御机制在心身医学中并不少见。但是，在医学意义上，还没有任何确凿的证据能证明这一点。亲密关系中的冲突是很主观的，很难科学地进行调查。不过已经有实验表明，压力会导致神经肽（神经系统的信号物质）的释放，刺激免疫系统。而人体免疫系统大部分都位于皮肤，受到刺激后就可能会引起瘙痒。

当安雅有意地避免和老板有过于亲密的接触，并且友好地跟他进行沟通之后，她的症状就减轻了。躯体形式化的（即心理原因引起的）瘙痒也就随之消失了。

皮肤影响亲密关系

在安雅的例子里，我们能够从她孩童时期的经历、压抑的情感世界和目前的困境中找到她皮肤瘙痒的原因。

但是除此之外，还有很多皮肤问题都可能受到心理因素的影响。

湿疹就是其中之一。湿疹是一种慢性皮肤病，伴有间歇性的皮肤剧烈瘙痒和炎症，患病人数在德国人口中约占5%。湿疹的诱发因素有很多，遗传因素、免疫因素、过敏和心身问题都可能会导致湿疹。受心身问题影响的湿疹会随着患者的情绪变化时好时坏。湿疹通常在五岁前发病，80%的可能成年后会逐渐好转。

有意思的是，湿疹可能会在碰到困难时，或者重要的人生节点上复发，比如结婚前，或者开始第一份工作时。这些情况下，问题通常跟关系中的亲密和疏远有关。

发病时，通常伴有抑郁、绝望、恐惧或攻击等心理问题。因为需要不停地挠痒，因此也会导致注意力低下和睡眠障碍等。患者经常会为抓破的地方感到害羞，喜欢躲起来。总的来说，湿疹和其他很多慢性疾病一样，因为会有强烈不适（比如频繁的夜间瘙痒），可能会使患者的性格发生改变。

压力是诱发湿疹的原因之一

1995年日本神户大地震之后，科学家对幸存的湿疹患者进行了一项大型研究，想知道经历可怕的灾难后是否暴发了湿疹。在房屋遭到严重破坏的患者中，确实有38%在地震后复发了湿疹。这表明，湿疹这种疾病和人的心理状态之间能够相互影响，湿疹的发作和患者的心理健康息息相关。但同时也有9%的人地震后湿疹好转了。这类事件究竟对人的心理状态和免疫系统有怎样的影响，至今仍然是一个很大的疑题。我认为，只有站在患者的角度去思考，通过心理治疗手段和患者一起去分析，才有可能找到结果。

哪些东西对皮肤有好处

我们已经看到了，皮肤和心理之间会相互影响。牛皮癣等皮肤病也常常会导致抑郁和焦虑。患者的皮肤出现红斑和鳞屑，使他们不得不忍受他人的目光。因此很多患者会躲起来，拒绝一切集体活动，哪怕是他们以前很喜欢的活动。

因此，除了皮肤上的损伤之外，我们还应该多关注自己的心理状态，关注自己是否有什么压力或矛盾，应该要好好地爱护自己，为自己做点事情（本书的第三部分"DIY促进心身健康"还会详细讲到这一点）。为了找出皮肤症状的诱因，可以写症状日志，记录下什么时候哪些症状会加重，最近生活中发生了什么，这段时间什么感受和情绪比较突出。

这一章里我写了很多跟瘙痒有关的内容，以至于我自己身上好像都有点痒了。你们也有这种感觉吗？瘙痒是最常见的心身症状之一。当出现急性渗出性湿疹，瘙痒剧烈时，可用橡树皮进行浸浴和湿敷，在药店和个人护理产品专卖店可以买到。将4—5勺磨碎的橡树皮加入500ml水中，煮大约15分钟，用毛巾浸透后敷在患处，或者用煮好的水泡浴。干性的湿疹需要用油脂含量更高的药物进行护理，而且最好要含有抗炎的成分。

心身疾病的治疗总是要从两方面着手，一方面要想办法减轻症状，另一方面要从潜意识中去寻找症状出现的原因。

恋足癖及其他性偏好

思考再三,我还是决定在本书中不涉及生育意义上的性行为。但是,其实性行为对于我们内在的平衡是十分重要的。很多和性有关的问题,表面上看起来是围绕性欲,事实上可能是避孕的问题,关系到能不能怀孕,或者能不能让别人怀孕,矛盾点很多时候都在于要不要孩子,而当事人自己常常都没有认识到这一点。

我认为,很多人对性都有误解。我甚至可以说,我们的社会对性行为是有偏见的,认为性行为就是进进出出,是肮脏的,是不重要的小事,认为应该尽可能不让别人知道,而且认为性行为完全是身体的需求。其实,性行为背后的很多东西都被忽略了,它关系到我们每个人,包括我们的性格。提到性,很多人只会想到生殖器性交,但其实从心身的角度来说,性还包括很多的内容。

医生游戏

婴儿在妈妈肚子里时,就已经有性欲了。但是婴儿的性欲和成年人有显著的不同。婴儿没有先入为主的观念,他不区分舒服的和不舒服的肢体接触,也不区分感官上的舒适和情感上的满足。他只是在寻求最大的快感，希望尽可能多地体验美好的感受。他在亲昵时没有固定的目标，也不是想向任何人表达自己的喜爱，所有的一切都是在玩耍中自然而然形成的，他只遵从内心自然的冲动。

孩子们通过医生游戏来探索自己和他人，发现男孩和女孩之间的区别。他们会假装自己是洋娃娃的父母，模仿周围的成年人。他们对性的理解很天真，这使他们容易成为一些有恋童倾向、寻求别样满足感的成年人的牺牲品。

力比多

我们在心身诊断中，很希望能了解患者有些什么"变态"的倾向。这听起来可能有些奇怪，我们也可以把这些倾向叫作"特殊的偏好"。我所说的所有内容完全没有贬低的意思。

弗洛伊德就已经提出（我不得不再一次提到弗洛伊德），人生来即属"多相变态"（polymorph pervers）。他的意思是说，任何东西都可以成为快感之源，而且甚至人类的天性就是如此。把光滑的乐高积木放进口中，骑在摇摇马上用力地摇晃，或者躺进海洋球里，都有可能带来快感。孩子们会想要做一切能给他们的身体带来美好体验的事。弗洛伊德将这种冲动称为力比多（Libido）。力比多在人成长过程中的变化是很复杂的，和动物的性本能有明显的不同，动物的性本能是天生的，极其简单而且有固定的模式：动物都有固定的"寻找猎物"模式，即寻找伴侣的模式，它们的性行为也是与之相适应的。弗洛伊德的这一思想遭到了很多的批评，一直到今天很多人都没有理解它的真正含义。这一思想的核心其实是，小孩不同于成年人，他们可以从各种不同的活动中获得快感（比如运动、接触、探索，所有这些在弗洛伊德笔下都可以带来性快感）。在进入青春期后，生殖器带来的快感才突出显现出来。

成年人所追求的，是和另外一个人进行生殖器性交。他们的性欲已经发育成熟，只有在面对另一个人时，才会有性冲动。但只是理论上是这样！

你太变态了！

因为在我们的性心理发展过程中，不是各个阶段都完全平衡发展的，而且也不一定每个阶段顺利完成，所以我们体内可能会保留有一些变态的部分。比如身上有某个性感地带，在触摸时会产生性刺激，但不是阴道或阴茎，可能是肛门、肚子或者脚等等。或者有些人不是从人身上获得性快感，而是从物品上，例如袜带、靴子、皮裤，或者在一些严重的情况下也可能是邻居家的猫。他们性欲的对象不是成熟的性伴侣，而是物品。根据物品的不同，有些可能没有什么害处，有些就会带来较为严重的问题。

除了性对象的不同之外，性行为的目的也可能会和常人不同。有些人进行性行为不是为了获得快感和快乐，而是为了获得痛苦和侮辱，比如受虐狂就是这样一种情况。另外，性快感还可能很大程度上从自己身上，通过自慰来获得。不过自慰经常都是没有其他选择时的一种替代性行为。窥淫癖和暴露癖也属于心理分析中的变态。窥淫癖是指通过窥视他人获得快感，而暴露癖是指通过让别人看到自己而获得快感。二者都很容易在患者童年的经历中找到根源。小孩在成长的过程中，总会有一个时间段，非常喜欢被关注、被夸奖，他会为此感到自豪，也会从关注和重视中获得快感。同时大多数的孩子都是很好的观察者，当他们偷偷看到某些不应该被他们看到的事情时，他们也可能会心痒痒。在有些人身上，这种模式会固定下来。从我做心理治疗的经验中，我发现，这类人通常会对小时候的这些事情记忆犹新。我经常听到患者向我描述他小时候是怎样观察别人的。

性偏好中还有一种，就是恋足癖。恋足癖是指对足部、脚趾、脚掌、脚的气味，或鞋袜的迷恋。这种偏好可能是小时候记忆片段的残留，和小时候看到大人脚时的兴奋感有关——在爬行的婴儿视角里不少时候都会看到大人的脚部。

上面提到的所有性癖好都是小时候自我认知的残留。它们都有一个共同点，就是可以帮助我们逃避自己最害怕的事情，而且多数时候都是对人际关系的恐惧：害怕把自己平等地交给别人，害怕放手，害怕自己对情况失去掌控力。

尽情享受性爱

所有这些偏好，只要不会伤害到其他的人和生物，都是无可指摘的。要相信，你是完全正常的。

大多数人都是有一部分变态的想法，也有一部分正常的性行为。这也没什么不好。可是有时候这些想法会和成年人成熟性行为的要求产生矛盾，或者和伴侣的要求产生矛盾。严重的就会导致勃起障碍或性冷淡。但是如果因为别人无法接受你的癖好，影响到你的社交生活和身体健康了，那就一定要去寻求帮助。可以去看心身科医生、心理咨询师或者性医学专家。尤其是在恋童癖领域，德国好几个地方都有"不当猥亵犯"的项目，专门帮助有恋童癖的人。

所有其他情况下，只要这些小癖好能给你带来刺激，并且你的性伴侣也对新玩法感兴趣，那么我就只想说：玩得开心，尽兴吧！只要对你自己没有坏处，对他人也没有坏处，你就完全不用有任何顾虑。毕竟每个人都是独一无二的。

不夸张地说，我每个星期都会听说新的性偏好。所以我真的不觉得有什么不好，或者尴尬。我们人是一种复杂的生物，而不仅仅是有本能的反射，这不是很好吗？

摆脱心身陷阱
第19篇：性——从被动表现，到主动探索

我们社会普遍认为成年人的性行为就是集中在性器官，也就是阴茎和阴道上。但是从本章的内容中就会发现，这种看法有很大的局限性。孩子小的时候还能从身体所有的部位获得快感，这种快感非常直接，而且也没有什么目的性。小孩其实是真正会享受的人。相反，大人总是想要获得阴蒂或阴道高潮，想要射精，想要让伴侣得到满足。这就会带来很大的压力。还有些人会因为自己没有性欲、无法勃起或者阴道干涩而感到很大的压力。人们很容易走进死胡同，在性爱中完全只关注表现，只感受到压力。

这些问题其实有办法可以解决，那就是：性禁令。当性爱仅仅是为了达到某个目标，而带来巨大压力的时候，这个办法是很有效的。它会让你发现很多新的可能性，产生新的好奇心，发现伴侣温柔的另一面。伴侣之间可以规定一段时间，可以有肢体上的接触，但是不要有性行为。这真的会很治愈。我的一个患者，她无法得到满足，因为她的伴侣会抚摸她的身体，挑逗起她的性欲，但是却无法勃起。引入性禁令后，她开始从一个完全不同的角度来看待这件事，更加关注于两个人之间的身体接触，发现这其实是一种很好的爱

抚。最后，他们两个人也完全不在意什么时候才能"真正正常地"做"那件事"了。所以说，在性爱这件事情上，根本就没有对的和错的、正常的和不正常的。

第 3 部分
DIY 促进心身健康

人们经常把健康和疾病都看得太绝对了。这主要是我们的社会观念造成的。一个人要么是健康的，可以正常工作，要么就是生病了，需要在家休息；要么需要做手术，要么不需要。当然，完全健康和完全生病的这种对立可以给我们带来某种安全感。

但是，这种划分在我看来已经跟不上时代的需求了。划分绝对的健康和疾病意味着，如果我们有幸身体很健康，那就万事大吉，而且我们只能期望健康的状态保持下去。但是，它也意味着，我们一旦生病，就好像看不到希望了，就觉得自己再也不会完全好起来了。就好像我们被打上了"生病"的标签，再也摆脱不掉了。我们只能完全依赖医疗系统，能把我们治成什么样就是什么样。可事实上，疾病和健康并不是完全对立的关系。

你可以把健康想象成一种秤。不是电子秤，而是那种古老的天平，两边各有一个盘子，要尽力维持平衡。一边是所有对健康有益的因素，另一边是可能导致疾病的因素。你永远不是绝对健康或者绝对病态的，而是生活在一种不断的摆动和平衡中，一会儿往这边多一点，一会儿往那边多一点。

那么你们可能要问了，那怎样才能获得健康呢？要往健康那一侧的盘子放上些什么，才能让它足够重呢？只要我们眼前的，还是一个摇摆的天平，我们就有很多事情可以做。如果已经彻底倒向一边，就像跳闸的开关，那就太晚了。

社会学家阿隆·安东诺夫斯基（Aaron Antonovsky）就健康状态是如何形成的进行了研究［这个学科的专业名称叫健康本源学（Salutogenese），源于拉丁语］。他发现，人在生活中需要有一种"连贯性"的感觉，也就是说事情之间有关联，能相互解释的感觉。获得连贯感的基础是理解身边发生的事情，克服生活中的困难，并且对自己的行为感到有意义。

心身健康的四大支柱

在本书的第三部分,我将会和大家分享有哪些自己可以做的,对心身健康有好处的事,希望可以给大家一些启发。根据我从业多年的经验,我挑出了那些在我的患者身上效果很显著的方法。大家可以看看,其中哪些对你们自己的情况适用。

那么我们就一起去看看,有哪些东西对我们的心灵和身体有益处。身心健康的四大支柱是:

1. 成为自己的朋友;
2. 学会让自己平静下来;
3. 保持和他人的良好关系;
4. 找到属于自己的事情,找一件能带给你满足感的事情,然后终生为之努力。

我会倾向于先设立一些小的、确实能完成的目标,然后循序渐进。其实有时候需要改变的只是心态,是你如何看待自己和这个世界,具体行为上的改变反而是次要的。

接受爱

这一部分和接下来的第四部分,都有一个基本的出发点,那就是在心理和心身问题中,症状和疾病的出现其实是解决问题必须要经历的过程,它们对于解决问题事实上也是很有益处的。很多自助书籍都不会提到这一点。心身症状的出现通常不是毫无道理的,它是面对无法应对的问题时的一种紧急解决方案。心身的不适症状其实是身体和心理之间沟通交流的一种方式,需要我们非常谨慎地去对待。不过当然,前提是先进行详细的检查,排除躯体的因素。

对于患者来说,心身症状通常能够提供一种暂时的稳定和支持,因为这些症状会让人从当前的事情中抽身出来,避免受到进一步的伤害。因为很多人都不知道症状也有积极的一面,所以他们总是一心和症状作斗争。我建议大家,首先要对自己友好一些,对自己的身体不适也要友好一些。下面我就会讲到,应该如何去做。

为了让身体和心理达到更好的状态,有很多你们立刻就可以去做的事情。我总结了几个在"紧急情况"下可以快速采取的办法,列成清单供大家查阅。在每一点后面我都注明了在本书的哪一部分能找到我对该办法更为详尽的解释。你也可以把这个清单当成一个工具箱,在碰到疲劳、压力大的情况,和其他任何心理、心身危机时都可以在这里找到有效的解决工具。在第三部分后面的内容中,你们会了解到如何使用这些工具。

心身急救箱

心身疾病需要医生专业的治疗。但是当出现压力过大、负荷过重、恐惧焦虑等紧急情况时，也有很多办法自行缓解。下面我总结了一些切实有效的DIY自救措施，并在括号里注明在哪一页能找到更为详尽的说明。

自救措施

缓慢地呼吸（205页）；

练习和周围环境建立联系（193页）；

找一个，或者想象一个能让自己感到安全的地方（207页）；

探测自己对于亲密和距离的需求（227页）；

建立你自己的舒缓仪式（201页）；

烹饪（236页）；

尝试"换个滤镜"（197页）；

给自己做按摩（210页）；

整理问题（210页）；

练习尊重/珍惜（188页）；

给紧急联系人打电话（可以是朋友、医生、治疗师或者心理危机干预热线）（135页）。

工具箱

便签纸（方便随时把想到的东西记下来）；

笔；

本子（记录下自己擅长的事情、感激的事情和待完成的任务）；

急救电话号码（方便在需要帮助时能够快速拨出电话）；

手表（给自己一点时间的概念）；

羊毛毯（不舒服的时候可以躲进去）；

最喜欢的抱枕（用来依偎）；

运动鞋（做运动）；

按摩球（给自己按摩，舒缓压力）；

有声读物或音乐（用于转移注意力）；

你手上的这本书（用来进行查阅以及练习腹式呼吸）。

成为自己最好的朋友

很不幸,有心身问题的人直到现在还是会经常被议论说:"他/她其实根本就没什么事嘛!"从我的患者身上,我看到正是外界这样的评论会加重他们的自我否定,让他们更加觉得自己是不重要的人。

不被理解

你是否也有过这种经历,你背痛、眩晕,或者胃痛,但是医生却说:"什么事都没有呀,那大概是心身问题了吧!"

当他们到我的心身科来的时候,我会问他们对童年的记忆。这些人小时候的感受和意愿经常完全没有得到父母的重视,他们的父母总是会说:"你又来了,你到底想要怎么样啊?"

我们在讲强迫性重复行为的时候提到,要重构小时候的模式。如果你从小就习惯了自己的感受是次要的,那么这种经历会对你造成根深蒂固的影响。我们的大脑都是喜欢熟悉的事物的,哪怕你所熟悉的场景是缺乏爱的,是不好的,大脑也一样会习惯。

有心身问题的人,本来就对自身的很多感觉是无意识的,而且也很难跟别人谈论起自己的感受。如果他们在这种情况下还遭到拒绝的话，就会形成一个恶性循环。相信读者中有心身问题的朋友在生活中可能也碰到过那种对心身疾病一无所知的人。

自我关怀

你不要总是纠结于自己不被他们所理解，你可以尝试这样做：

你可以善待自己，爱自己，成为自己最好的朋友。

很多有心身问题的人，对待自己都非常地消极，总是贬低自己的价值。我坚信，如果你能清楚地认识到这一点，你的情况就会好很多。相比于因为周围的人不重视你而生气，关注于自己内心的声音会更有帮助。

很多患者会容易钻牛角尖，认为自己小时候做不到的事情，长大了肯定也做不到。但是成年人是有能力学会好好对待自己、夸奖自己的，而不用总是说"是我不够好！""我得做得更好！"或者"其他人应该做得更好！"

成为你自己最好的朋友。无论是你的伴侣、医生，还是你的家人都没办法像你自己那样了解自己。只有你好好对待自己，其他人才有可能好好对待你。但是，要怎样才能成为自己的朋友呢？

基本观点

首先要有意识地去注意，自己身上有哪些思维模式和基本的观点。你做这些事情通常不会经过太多的思考，是条件反射式的。好好审视一下自己：你对待自己是不是真的像对待一个很喜欢甚至是深爱的人一样好呢？我想答案是否定的。我猜你肯定经常给自己很大的压力，贬低自己，对自己的事情一笑带过，而且也没有办法克服自己，真正去追求对你来说重要的东西。

你要知道，你内心那个说着"你做不到""不值得""你以为你是谁呀"的声音，并不代表你此时此刻的想法，而只是代表你还没有找到一种很好的、健康的和自己相处的方式，暂时还没有办法欣赏自己。或者也有可能是因为小时候别人对你这么说，所以你将这些消极的思想吸收到自己身上了。小孩就像是转换器。如果马丁的姑姑莉斯贝思对他说真是个大懒虫，那么马丁就别无选择了，他只能接受自己真的是个大懒虫。小孩就是别人说他是什么，他就真的是什么样子。

你既然已经开始看这本书了，就说明你是想改变自己的思维模式的，而且你也有能力改变。那么就请阅读下面的内容。如果感兴趣的话还可以去找医生兼格式塔治疗师荷黑·布凯（Jorge Bacay）的《拴着脚链的大象》，阅读完整的故事。

摆脱心身陷阱
第20篇：发现自己体内的力量

荷黑·布凯的短篇小说《拴着脚链的大象》讲的是一个对马戏团着迷的小男孩的故事。他尤其喜欢马戏团的大象。他不禁问自己，大象体形如此庞大，它们为什么不会从马戏团逃跑呢？它们只是被拴在一个几厘米深的木桩上而已，它们的力量应该完全足够逃脱。大人们向小孩解释道，因为大象已经被驯服了，所以不会逃跑。那既然如此，又为什么要用链子拴起来呢？

最后小男孩终于找到了一个人，解答了他的疑惑。马戏团的大象不逃跑，是因为它从很小的时候就被拴在木桩上。

象宝宝无论怎么生气、用力拽也没有用，所以它就知道了自己的力量是不足以挣脱木桩的，是逃不掉的。现在，虽然它已经长大了，长成了一个强壮有力的庞然大物，但是它还是相信自己被困住了，无法逃脱，因此它再也没有尝试过去拔起木桩了。

在大象的脑海里，在我们每个人的脑海里，都保留着一些深刻的记忆，认为我们不会做什么，仅仅是因为我们很久以前试过一次失败了。这篇短篇小说给人的启发就是，我们应该重新开始，全身心地投入，去进行一些尝试，说不定现在的我们已经有能力去完成了。

预言

我经常听到我的患者说"我就是做不到""就是不行"。下次当你又有这种想法的时候，你可以在脑海里想象一下那只被拴在小木桩上的大象。它的力气其实大得不得了，但自己却还不知道。

我也经常会跟我的患者一起，对他们经常说的那些话进行改写。人的大脑有很强的联想性，这意味着，我们在心内重复说的那些话，大脑会当成是真的。如果不进行新的尝试，这些担心自己做不到的预言就会成真。相比于"我就是做不到"，更有利于健康的是"我还在努力"，因为这种说法可以营造一种积极的态度，同时就相当于往天平健康的那一边加上了一点砝码。

友好的态度

给你所有的痛苦都起个好听的名字，不管它们是心理的、心身的还是躯体的问题。我知道，这可能听起来有点奇怪。我的很多患者都希望能立刻摆脱不适的症状，给自己，也给我施加了很大的压力。但是，当我们认识到很多的症状正是因为内心压力过大而产生的，可能就不会急于摆脱症状了。

所以请像慈爱的父母对待生病的孩子一样对待你自己吧：安慰他，给他吹吹痛的地方，拥抱他，关心他，告诉他马上就会好起来的。对于心身症状，你应该：认真对待，忍耐，试着去理解它，接受它，去做一些能让自己舒服的事情，例如运动、做饭、休养。

够了！

我知道，你们总是有时间压力，好像必须得很快好起来，才能重新投入工作和学习。这种想法是一个非常大的阻碍，让你没有办法好好对待自己。但是给自己太大的压力，什么都想做到会导致你要么压根就无法开始，要么就是被必须把每件事都做得完美的冲动所压垮。没有人会这样要求自己的好朋友的，不是吗？所以说，你也不应该这样要求自己，不应该给自己这么大的压力。

想要摆脱这个陷阱，我们只需要记住英国儿科医生和精神分析师唐纳德·温尼科特（Donald Winnicott）的一个模型。他早在1953年就提出了他的理论，认为在足够好的母亲的陪伴下，孩子能最好地成长。足够好！现在还有谁追求足够好呢？大部分人追求的都是完美，当不可能达到完美的时候，他们就连努力都不想努力了。"只要足够好就行了"，这个想法就像是炸药一样，没有人愿意碰。你认不认识哪个人，只想在某个领域做得足够好，而不追求非常好，或是最好？

根据温尼科特的说法，妈妈虽然需要照顾到孩子的需求，不要让他觉得自己被抛弃，但是妈妈们没有必要，也不应该过度地保护，对孩子一切不愉快的经历都进行阻止。妈妈甚至可以犯错，孩子们会在这些错误中成长，因为他们会知道，犯错也没关系。

我建议，你给自己定下目标，要足够关心自己，成为自己一个足够好的朋友。不过足够好就够了，不需要对自己有过分的要求。

相信自己的身体

青少年和刚成年的年轻人通常会对自己的身体状况有一个很稳定的认识，坚信自己的身体没有任何问题，非常健康。身体运行正常，对他们来说是世界上最正常不过的事。这些人通常还没有经历过严重的疾病，而且他们的身体至今为止也不需要特别的注意。这是一种天堂般的状态。

我在心身科看到的病人却经常不是这样的。他们的身体状况让他们感到恐惧和焦虑，他们可能有虚弱、腹泻、疼痛或者静坐不能[1]等问题。那么恐惧很自然就会导致他们比常人更加谨慎和小心（恐惧导致小心行事在生物学上是很有意义的）。

这些对自己身体的不适感到担忧的人就会去看医生。而医生如果没有找出像甲状腺功能障碍或者感染等明确的病因，但他们又持续观察到自己身体上的问题，这就会导致更多的恐惧。恐惧又会反过来加重症状，形成恶性循环。

如果通过详细的医学检查找不出病因，那么患者就应该学会对自己的身体给予更多的信任。这个过程是很难的，因为我们前面也提到了，心身症状很多时候都起到一种保护作用。它有助于将紧迫的问题隐藏起来，从我们的意识中驱逐出去。找不到生理原因的症状可以通

---

[1] 静坐不能是一种运动障碍，主要表现为内心烦躁不安和无法保持静止，坐立不安，来回摇摆，踱步。——译者注

过亲密和勇气策略得到好转（详情见下方）。

摆脱心身陷阱
第21篇：亲密和勇气策略

当有发抖、疼痛、不安等症状，而去看医生又查不出原因时，患者常常会被孤立，因为别人很多时候无法理解你到底怎么了。这些症状还常常伴随着恐惧，因为你不清楚症状背后的原因到底是什么。而同时，孤立和恐惧也可能是躯体不适的触发因素，因为人际关系中的问题（往往会导致被孤立，产生孤独感）以及各种各样的恐惧都容易引起心身疾病，导致身体出现不适。

我们如果企图直接消除症状，大都会无功而返。身体和心理之间的影响是自主发生的，不可能有意识地去改变。但是借助亲密和勇气策略，我们可以从心理和关系层面着手，去解决引起心身不适的孤立感和恐惧感，毕竟机体的症状只是心理问题的一种外在表达罢了。

当心身不适困扰我们时，作为第一步，我们可以练习有意识地跟症状保持距离，并且问问自己：

1. 我什么时候曾对他人、自己或者某种宗教的力量感到过亲近？那是一种怎样的感觉？

2. 在什么情况下，我表现出了勇气？这件事情在那一刻对我的自我形象和身体感知有何影响？

你可以拿出两分钟的时间来做这个练习。这样做之后，你的孤立感和恐惧感就会被抵消一些，但是这又不是通过躯体层面达到的。这个方法可以暂时打破消极情绪的恶性循环。引起症状的心理原因具体是什么，则可以通过心理治疗去寻找答案，因为这些原因都是无意识的。有时做了这个练习之后，问题也会迎刃而解。

人生长河

生病之后，身体出现问题之后，人们会很难再去相信自己的身体。这时候，可以问问自己对自己的身体和生命是怎样一种态度，为什么会这样，以及是否需要改变。我们现在所处的时代，好像有一种思想，那就是所有的病都可以被治愈，也必须要被治愈，所有的东西坏了都可以修好，也必须要修好，而且还要尽可能地修得比坏之前还要好。

这种思想本来是很好的。但是它也导致我们经常忽略了，我们所有人从出生的那一刻就不可避免地走向死亡，而有一天我们终将死去。这确实有点悲观，而且说得好像很多事情都预先设定好了一样。但是死亡确实是不可避免的，而我们在心里往往不愿意承认这一点。幸好我们不是每天都会思考死亡，因为我们的心理可以有效地抵御那些不愉快的想法，而且所有这些工作都是自主完成的，不需要我们有意识地参与。不然的话，我们可能每天都会感到无比沮丧了。

每个人的身体都会随着时间的推移留下使用的痕迹，躯体疾病、心理和外界的影响也都会留下痕迹，身体会出现疤痕，眉间会出现川字纹，眼皮会耷拉下来，等等。诀窍在于，不要过度地去关注它、企图消除它，要把自己交出去，任由生命之河自由地流淌，而不是去筑造堤坝，想方设法地让生命之河流得尽可能地长。因为堤坝总有被冲垮的一天，垮了之后，水一下子冲出来，就一发不可收拾了。

神奇药丸

我经常会问我的患者，如果真的有一种神奇的药丸，一吃下去症状就消失了，就会恢复健康了，痊愈之后你会想做什么。

答案千奇百怪，比如去电影院、请朋友吃饭、读一本书、去湖边或者去跳舞。很多患者还说以后会注意不浪费时间，让自己的时间过得更有意义。

很多时候，我都会要求他们现在就开始去做其中的某件事情，哪怕病还没好。当然，根据每个人身体和心理状况的不同，可能会有一些限制，不是什么都能做。但是心身疾病的患者常常会主观上认为自己能力、条件有限，很多事情都做不到，而实际情况往往并没有那么糟。你可能在生病的时候也是这样，完全不问医生什么能做，什么不能做，就老老实实养着，甚至还卧床休养。尤其是在出现躯体疾病的时候，这么做通常确实会让你感觉好一些。

但是，对于心身疾病的人来说，这就是一个问题。因为静养不仅会使体力下降，还会有损自信心。机体的目标是不浪费能量，因此它会去适应静养的状态，把肌肉力量、心脏力量和耐力储备都调低。这样一来身体就会越来越难达到较高的活动水平。静养对心理来说也很不好，人会把生活中的事情都往后推："等我好些了，我就可以去体验那些美好的事情了。"可事实上，只有去做热爱的事情，我们才有可能好起来。

大多数恐惧症的患者都可以去做做运动。甚至在患心肌梗死等躯体疾病之后，做适量的运动、多参加各种活动都是很重要的（当然要先咨询医生）。我非常建议大家去问问自己的医生，自己可以做什么程度的运动，哪种运动最适合你的情况。

我不是要鼓励大家去做自己能力极限以外的事情，但是我很想鼓励大家积极去尝试，试一下你就会发现，运动能带来多大的改变。最终，"停下来"和"动起来"的需求达到一种动态平衡，就意味着成功了。如果身体太累了，它会告诉你的——但是我们可能需要学会倾听它的声音。

摆脱心身陷阱
第22篇：收集和解的时刻

和解时刻是只有当你走出去，才能享受得到的时刻。和解时刻不会自己来敲门，对你说："穿上衣服，跟我来吧。"我所说的和解时刻是指当你感到疲劳过度、精疲力竭、沮丧郁闷时发生的那些温暖的小片段。

在这个时刻你会突然发现，世界还是很美好的。它会让你感到惊喜，会给你带来你内心潜意识中一直默默寻找的那种温暖。我在这种时刻有时候会发现自己原来是多么悲观的一个人。

我上一次的和解时刻是这样的：我没睡好，又有很多事情要做，而且那天我的冰箱还空了。我很不开心，拖着脚步来到离家最近的超市，却发现我把购物袋都忘在家里了。不巧的是，那天超市人还非常多。结账的时候，我不得不把我买的东西满满地塞进两个纸袋里。我想赶快从超市回去，所以提袋子的时候可能猛了一些，顿时两个袋子的底都破了，面包、奶酪、西红柿、酸奶撒了一地。我正准备骂脏话，其他的顾客就从四面八方赶过来，朝我微笑，这个人帮我捡几个，那个人帮我捡几个。还有一个人在收银台买了两个新袋子，大家都把各自捡的东西放进袋子里，就好像在我面前上演了一场排练好的舞蹈一样。我能做的只剩下感谢，然后便提着两袋东西回家了。在回家的路上，好像世界都突然变得更美好了，我就这样跟自己和解了。

我想说的是，我们应该有意识地多去关注那些积极的事情，少去关注那些小的不愉快。我们只需要更仔细地观察生活，珍惜这些瞬间，做好被它们从冰冷的现实中拽出来的准备。不管你是否写下来，我都建议你把这些瞬间收集起来，记在心里。

更换眼镜和测量设备

你可能自己没有意识到，但其实我们每个人始终都是透过一副眼镜在看这个世界的。也许在很久以前的某个时候，这副眼镜是合适的。而且我们会不加思索地使用一些我们自己设计的测量设备，还认为无论我们想测量什么，它的测量结果都一定是准确的。

无限循环

为了更清楚地说明这一点，我想举一个我病人的例子。她叫梅兰妮，是一位30岁左右的年轻女性。

梅兰妮拖着沉重的步伐走进了我的诊室。好几个星期以来，她一直情绪低落，还有背部疼痛。她不知道怎么办，觉得必须要和她的伴侣分开。在她抑郁期间，她男朋友还是决定继续坚持自己的爱好，每周三晚上跟朋友一起在排练厅演奏音乐。她对此感到无比的伤心和绝望，因为这就意味着每周三晚上七点之后她不得不一个人在家待着。

她感到自己被抛弃,很生气男朋友为什么不取消乐队的排练。她男朋友跟她解释道,这个排练对他来说很重要,但是她太生气了,直接走了出去,不想继续听他说。她认为这次的事情很肯定地表明了,她跟她男朋友没法再继续下去了,他太自私了,完全不考虑她的感受。

这里我们能看出什么呢?梅兰妮是在透过她的眼镜看这件事,这就必然会导致消极的情绪。这些情绪在她的生命中就像一个没有终点的圆,不停地重复出现。

如果换一副眼镜,她完全可以看到她男朋友去排练这件事情的好的一面。她会发现她男朋友其实是一个很可靠、很能替别人着想的人。每周三晚上去排练会让他充满力量,这样在其他几天他就可以更好地照顾她了。这是一副完全不同的眼镜,她戴这副眼镜要合适得多。

测量

梅兰妮也可以就用她本来的眼镜,看到她男朋友去排练了,她就有一晚上时间可以自由支配了。她可以不受阻碍地做那些她男朋友不感兴趣,但其实又对抵抗抑郁有好处的事情了。她还可以邀请朋友到家里来,煲很长的电话粥,或者自己一个人静一静。

但是这些她都没有做,因为她使用了错误的测量工具。她以为自己拿着尺,可以准确地读出,她男朋友不想再跟她好好过了。理论上说,她如果换一个测量工具,就有可能得到完全不同的读数和结论。她可能会发现,这件事情正说明她男朋友有跟她分开的能力。那么她也许就会认识到,这项能力是很重要的,然后向他学习。这样她就可以把男朋友的优势变成自己的优势了。

当然梅兰妮不会这样换一个角度去看问题,因为她的消极情绪太强烈了，她想不了这么远。她习惯带着高倍的放大镜去看别人对她的拒绝，而当别人对自己负责，以及为她付出的时候，她又习惯用高倍的缩小镜去看。这样的话，她眼中看到的世界始终是失真的。

在一个短期治疗中，梅兰妮发现，被拒绝这个问题其实困扰她已久了。她的父亲吸毒成瘾，多年来没有尽过做父亲的责任，有时候甚至还否认梅兰妮是他的女儿。在治疗的过程中，她意识到了自己的这个思维模式，并且成功地做出了改变。她开始更多地关注到她男朋友关心她的一面，不再把所有的信号都理解为他不要她了（这种思维模式是在她过去的生活中养成的）。

试戴眼镜

这个故事说明了，换一个角度看问题以及变换测量方法有多么重要。很多时候，我们都无法准确地知道，自己是在用怎样的思维模式看待世界，但是我们可以鼓励自己，多尝试一下不同的眼镜。

我经常会用不同朋友和同事的眼镜去看同一件事，有时候还会用一些过着跟我完全不同的生活的名人的眼镜，比如某些政治家，我甚至还会用我父母的眼镜。

尝试不同眼镜的时候，要注意怀着平和的心态，去想象另外一个人可能会怎样去看待这件事。不是说其他人就是对的，就可以对事情进行正确的评判。而是你在这么做的时候，就会意识到可以从多么不同的角度去看待同一件事，也许你的测量值根本就不是你想得到的结果。这样一来，你对事情的反应就可能会变得更灵活，你可能会看到除了你自己的看法以外，还有很多其他的可能性。

在人和人直接的交流当中，能站在他人的角度看问题也是至关重要的。不仅要能理解别人说的话，还要对说的话背后的情感也能感同身受。精神分析学家艾里希·弗罗姆（Erich Fromm）做过很贴切的描述：侵略性的攻击者其实内心充满了恐惧，被侮辱的人其实非常渴望亲近，爱发牢骚的人其实是想方设法地想要确认自己的价值。只要我们学会与他人共情，而不是只关注自己，很多人际关系的问题就会迎刃而解了。让我们更多地关注别人的内心，而不要总是寻求对抗。

让自己平静下来

如果你在小时候不幸没能学会如何在压力和疲惫的情况下让自己平静下来,那么你可以尝试下面的这些方法。任何时候开始学习新东西都不算太迟!

仪式

如果你的周围有孩子,或者你回想一下自己小的时候,一提到"仪式"这个词,你脑海中肯定会有很多的画面。广播剧、加蜂蜜的热牛奶、小腿湿敷[1]、睡前的童话故事都是一些典型的仪式,是孩子在特定的时间固定要做的事情。每次一做这些事情,心理和身体就知道了,现在是休息时间了,现在该睡觉了或者做完感冒就会好起来了。

孩子成长的过程离不开这些仪式,而且他们通常都非常喜欢日常生活中这些固定的元素。通过父母为他们建立这种仪式感,孩子会

---

[1] 用30℃左右的水打湿毛巾,包裹住小腿进行降温,是德国家庭常见的一种退烧方式。——译者注

获得一种自我安抚的能力。这个过程其实是通过从外界吸收一些东西到自己的心理世界而实现的。这个过程在心身医学中被称为"内投射（Introjektion）"（来源于拉丁语，intro=进入，iacere=抛、扔、投掷[①]）。

因为有了这些仪式，你长大之后也会具有安抚自己的能力。

许多人都有慢性的压力反应问题。这是指为了适应压力环境，机体长期处于较高的负荷而缺乏休息和放松，这就会导致机体没有办法再调回正常水平了。

而同时，当今世界节奏越来越快，仪式感却越来越少。我们早上会匆忙地买个面包，而不是在家坐在桌子旁边一起吃早饭，晚上上床之后也还会在智能手机上查邮件和刷Facebook。这种睡前仪式事实上起不到什么舒缓的作用，因为你事先并不知道会看到什么内容，而且也无法控制看什么不看什么，更不用说电子屏幕的蓝光会让人更加难以入睡。压力和平静是相互制约的，但是你在生活中不经意间的一些坏习惯可能就助长了压力。

如果你能重新捡起一两个以前的旧仪式，那不是很好吗？至于你到底应该选择什么仪式，要取决于以前什么在你身上起过作用。大脑喜欢熟悉的事物。只不过如果你想借助仪式平静下来，小憩一会儿，或者帮助睡眠，那么就不要做会让人兴奋的事情。让人兴奋的事情比方上网、看电视、玩电子游戏和为下一天的工作做准备等。

我会鼓励大家去尝试一些有舒缓作用的仪式，比如听有声读物、读一本书、研究一篇文章、泡一杯茶来喝、用按摩球给腿部做按摩、散一会儿步等等。

[①] 语言发展过程中，字母发生了变化，j对应i，k对应c。

阅读的好处在于，你会沉浸到另一个世界，远离给你带来压力的那些东西。由于我们人是具有同理心的，所以对于人的心理层面来说，你发现了一座美丽的岛屿和你读的书里的主人公发现了一座美丽的岛屿是没有区别的。通过神经元的共振作用，我们在某种程度上也会有一些躯体感觉，就像我们真的在现场一样。现在越来越多的医院都设有图书室，不是没有原因的。因为看书可以把病人带入另一个世界，把他的注意力从枯燥的住院生活中转移开，从而减轻他的痛苦。你也许也曾读到过精彩的故事，然后沉醉其中回味无穷吧？

摆脱心身陷阱
第23篇：建立固定的仪式

如果你也想找到一个可以舒缓压力的仪式，有一点一定要注意。想要建立仪式，就一定要规律地去做，哪怕你某天突然不想做，或者觉得无法集中注意力，也还是要坚持。我的很多患者都尝试过睡前阅读，但是不少人读了几分钟就放下了，因为他们感到无法专心。对于长期处于压力下的人来说，开始的时候肯定是这样的。

诀窍就在于，给自己20分钟的时间，在这20分钟之内，无论感觉怎么样，注意力是否能集中，都撑满20分钟。然后，每一次都尝试比前一天读多一点点。7天之后，你可以在白天，也就是没到晚上睡前阅读的时候，对自己这7天的阅读进行一下回忆和总结，思考一下这个仪式对你来说是否合适。很可能你就会养成阅读的习惯，会觉得阅读对你来说变得越来越简单，而且随着时间，它的功效也会慢慢显现出来。

和自己的身体保持联系

当我们长期处于时间压力下时，我们很少会去关注自己的身体（除非身体出现症状）。你可能也见过有些人，压力大到跟现实脱离了联系，一点小事就暴跳如雷。

如果你目前没有任何心理或心身的疾病，可以做这样一个实验：把更多的注意力放到你的身体上，看看生活会因此有些什么不同。如果你目前是生病状态，则需要先咨询一下你的医生或者心理治疗师。

通过把注意力转移到自己的身体上，你会感受到自己脚下坚实的土地。我们可以花两分钟的时间，好好去感受一下，我们的两条腿正稳稳地站在生命长河之中。只要有一个不受干扰的环境，就可以做这个练习。

请站直，两脚稍微分开，你可以根据个人的喜好睁着眼睛，或者轻轻地闭上。现在把注意力从你的思维转移到你的身体，转移到双腿、双脚。注意去感受，你的双腿是怎样稳稳地站着，支撑着你身体的重量，让你牢牢地站在地上。如果这时你的身体发生轻微的摇晃，没有关系。你会感受到，你的肌肉是如何去平衡身体的摆动，你就像一棵在风中摇摆的树。你可以想象一棵巨大的、强壮的树，它的根深深地扎进土壤里。想象你的脚下也生出了根，深深地扎进地面。

如果你出于健康的原因无法站立，或者感觉站不稳，也可以坐姿进行这个练习。请舒服地坐在椅子上，两腿并拢，可以闭上双眼。你会感觉到你的臀部坐在椅子上，双脚接触地面。感受你身体的重量，将注意力完全放在你的身体上，持续一到两分钟。

然后睁开双眼，慢慢回到当下中来。你也可以稍微伸展一下身体，做一些拉伸。

当你的注意力又回到了现实当中，有意识地去感受一下当下是什么感觉，你会强烈地感受到自己的存在。你是否觉得自己能更好地活在当下了呢？你是否感到更加平静和安全了？这是一个入门级别的练习。如果这个练习和接下来的呼吸练习能对你有所帮助，那么你还可以尝试很多其他的可能性。有很多方法都可以让我们深入地专注于自己的身体，比如自体发生训练、渐进式肌肉放松法、瑜伽和功能性放松法等。

呼吸

呼吸对我们来说是一件再自然不过的事。我们每天大约会进行一万次呼吸，完全是由身体自动完成的，不需要我们有意识地参与。没有这些呼入的氧气，人就无法生存。

我们的情感世界和呼吸肌肉之间有着飞快的信息传递，呼吸会根据我们的情绪和活动状态，是紧张还是放松，随时进行调整。最健康的，也是最节省能量的呼吸方式是腹式呼吸。腹式呼吸时，胸腔和腹腔之间的横隔膜像一个蹦床一样上下移动，空气通过鼻腔和气管进入肺部，朝腹部方向移动。

但是，当交感神经活跃时，身体会更多地采用胸式呼吸。胸式呼吸时，肋骨会上下运动。身体在感到紧张和吃力时会采用这种呼吸方式。

你可以简单地认为，腹式呼吸是一种放松的呼吸方式，而胸式呼吸是一种活跃的呼吸方式，表明身体发生了压力反应。压力大的人和有心身问题的人，通常不会进行很深的呼吸，而是呼吸得很快而浅。

有意识地注意一下自己的呼吸。你的呼吸是缓慢而深长，还是急促而表浅呢？要记住，缓慢深长的呼吸才是更健康的。

我们不仅可以通过呼吸判断一个人的精神状态（是紧张还是放松），而且还可以通过呼吸去改变自己的精神状态，使之达到我们所希望的样子。也就是说，通过进行平缓、深长的腹式呼吸，我们可以减轻恐惧、焦躁和压力，更容易入睡。

还有一点，大家也应该要知道，那就是吸气代表着紧张，而呼气代表着放松，就像呼吸的时候肌肉也会随着收缩和放松一样。通过延长呼气的时间可以使身体更加地放松。我们可以把吸气和呼气也想象成一个天平，我们可以往两边添加重量。身体和心理的良好合作总是会达到一种平衡，我们就是要促进这种平衡。人体的理想平衡状态，叫作"稳态"（Homöostase）。

我们有时候会本能性地更关注自己在叹气、呻吟，但不太会注意到呼吸有放松的一面。叹气是一种很长的呼气，会刺激迷走神经，让机体得到短暂的放松。你完全可以进行下面这个练习（不一定要在刚开始交往的伴侣或者最喜欢的同事面前做，可以自己一个人的时候做）：用鼻子吸气，然后缓慢地用嘴巴呼气，发出叹气的声音。想象你把所有正妨碍着你的、给你带来压力的事情都呼出体外了。

摆脱心身陷阱
第24篇：通过呼吸进行放松

在健康的前提下，或者在获得医生的同意后，尝试下面的呼吸练习：

1. 练习腹式呼吸（"书式呼吸"）。放松地躺下，双腿弯曲，膝盖大约呈45度角。将手头的书合起来，放在肚子上。然后尝试缓慢地往肚子里吸气，让书出现明显的上升和下降。

2. 练习间隔式呼吸。坐在椅子上，放松地吸气，吸到肚子里。然后呼气，在呼完之后默数三下，然后再一次吸气。这样的话，两次呼吸之间的间隔就会延长，可以起到舒缓的作用。你可以把一只手放在腹部，这样可以感受到手的运动，更好地进行腹式呼吸。这个练习可以持续做三分钟，在一天中的不同时间重复进行几次。

3. 缓慢地呼吸。心身科学家托马斯·勒夫（Thomas Loew）教授对通过呼吸减轻压力的方法进行了研究，并且打算出一个呼吸练习指南，只介绍最重要的内容，方便大家在日常生活中进行练习。同时，他也在研究呼吸练习可以达到怎样的效果。基于目前的研究结果，他提出了"4711"呼吸法，即吸气4秒钟，呼气7秒钟，一共进行11分钟。他的研究结果显示，这个练习做两分钟就已经可以显示出一定的效果。

舒服的地点

让自己平静下来的另一种方法是，弄一个自己觉得舒服的地方，一个可以让你感到安全、可以放松下来的地方，将世界的纷乱繁杂暂时抛到脑后。我承认，它听起来好像完全没什么特别之处，可能很多人读到这儿都想跳过这部分内容了。但是在这短短的一节，我会让你们知道，我为什么觉得这个方法非常重要。

游戏的本能

人类和其他所有哺乳动物一样,天生有游戏的欲望和本能。这种本能乍一看好像没有什么用处,但其实是为生活做准备的一种程序:孩子们会在玩耍和游戏中学会如何应对各种不同的情况。他们的精细运动能力会得到发展,会练习各种仪式,尝试各种角色,在游戏中积累新的关系体验。经典的例子比如说他们觉得娃娃会生气,就像小孩会对自己的爸爸生气一样,他们还会像"直升机父母"[①]宠爱孩子一般宠爱自己的毛绒玩具。孩子两岁时,就逐渐可以开始玩"假装游戏"了,他们会赋予一些已知的物品以新的意义。比如装袜子抽屉很快就变成了一个超级秘密的百宝箱,或者河马玩具变成了理发店的顾客,被剪掉了头发。孩子的很多需求都会在游戏中得到满足。

搭小窝

我的孩子老是喜欢玩一种游戏,我最近发现了其背后的原因。在我写这本书的过程中,他们无数次地用毯子和枕头布置我的桌椅,把我工作的地方变成了他们的小窝。

有一天我的状态不太好,我女儿感觉到了我的异常,邀请我到她床底下的一个秘密基地去。当我们到里面之后,她跟我说,现在这里安全了,没有什么猛兽会对我们做什么。那一刻我恍然大悟了,拥有一个安全的地方是人的基本需求,孩子们会本能地在游戏中去满足自己的需求。

---

① "直升机父母"是指有些父母对孩子过于关心和溺爱,就像直升机一样盘旋在孩子的上空,时时刻刻监控孩子的一举一动。——译者注

你的地方

这里我想提出一个理论，我认为搭小窝是孩子的一种本能，也是和其他所有的情感需求一样的一种基本需求，是对安全依恋、自由、自主、情感表达、界限等的需求。这些基本需求不会因为你长大了、没时间了、学会压抑自己的需求了就消失不见。

我很想知道，你的安全地点、舒服地点是什么样子。在我想象中，这个地方会有你最喜欢的抱枕和最喜欢的毯子——一个舒服的羊毛毯，温暖得像电暖气一般。你可能会在这里听书，听你最喜欢的音乐。或者这里还有一个小台灯，你会在这里阅读你喜欢的书籍。哪个地方会让你感到舒服？或者如果你已经有这样一个小基地了，也许可以做些什么让它变得更好一些呢？

放松紧张的神经

通过躯体或者心理的途径都可以有针对性地减轻内心的紧张感。两种途径都是自我安抚过程中的重要因素。

如果你刚跟某人起了冲突，非常愤怒，内心很紧绷，那么自体发生训练等传统的放松练习效果可能不会很好。你最好是利用这种紧张感，把它完全地激发出来，最终达到舒缓的目的。你可以试试下面这种渐进式肌肉放松的练习。

摆脱心身陷阱
第25篇：握起拳头，用紧张战胜紧张

内心过于紧张的时候，单纯地放松就没有用了，天平的

平衡已经被打破了。虽然说我们人是一种很矛盾的生物，但是我们体内不可能同时存在紧张和放松，它们两者是相互排斥的。就好比骑自行车的时候，你也得先让踩踏板的脚停下来，才能刹车停住。所以，当所有的迹象都表明你神经非常紧张的时候，拼命地去追求放松，其实反而会落入陷阱。更有效的做法是，减少一些紧张的能量。

你可以坐在椅子上，靠着椅背，脚稳稳地踩在地上。根据你个人的意愿可以闭上双眼，也可以不闭，双手舒适地放在大腿上。其中一只手握拳五秒钟，注意力集中在拳头上。深呼吸然后慢慢地张开拳头，休息20～30秒，然后做另一只手。

刺猬按摩球

内心的紧绷也会导致躯体的紧绷，而且常常表现在肌肉上。常见的有肩颈的紧张、背部的疼痛，以及四肢的紧绷。

我的很多患者都买了刺猬按摩球，给自己进行按摩。可以将按摩球在不舒服的部位进行滚动，或者背靠墙站立，把球放在墙和身体之间，进行摩擦。我在感到肌肉紧张的时候会在工作时将球夹在椅子与背部、颈部或臀部之间，并且时不时地变换姿势。长时间地靠在椅背上其实是很不健康的。按摩球也会给我们的运动增加一点乐趣。按摩球几欧元就能买到，它可以松解我们紧张的肌肉和筋膜，促进血液循环，改善人体健康，把天平推向放松的一端。

用秩序代替混乱

还有一种放松的方法，就是建立秩序。内心的紧张经常是因为我们在短时间内要完成很多任务、对很多事情都担心焦虑而形成的。你一定也有过脑子里要做的事情越来越多,直到感觉根本无法完成的时候吧。

在这种情况下,你可以拿出纸和笔(而不是用手机的记事本!),把所有想到的任务都写到一张纸上。重点是,所有你脑子里面想到的事情,都要写下来。第二步,将那些对你来说真正重要的点圈出来。然后在那些不仅很重要,而且很紧急的任务前打钩。现在,在既打圈又打钩的任务中,选出三个最重要的,写在纸的另一面,然后计划一下怎样去完成它们。当这三件事情做完之后,再去看开始的那一面。健康本源理论的其中一部分内容就是说,人是需要秩序的,只有通过建立秩序才能摆脱(大脑的)混乱。通过上面这个简单的练习,就可以把天平推向秩序那一端。任务不再显得难以完成,你也可以更好地利用自身的资源。

"我与你"——和他人之间良好的关系

宗教哲学家马丁·布伯（Martin Buber）1923年在他的《我与你》一书中写到，人的自我认同是通过和周围的人之间发生关系、将自己与他人区分开来而形成的。他用"我—你"代表人与人之间的关系，"我—它"代表人与周围事物之间的关系。这两个概念在马丁·布伯的思想中的地位非常重要。

大家肯定也经常说"你"这个词，比如在对同事或者朋友说话的时候，会这样称呼他们。这时候"你"指的是你对面的那个人。但是马丁·布伯说："人只有在你身上才会成为我。"他指出，我们在说"你"的时候，其实也在说我们自己，而且是在这个过程中形成我们自己。

布伯的观点可以让我们从另外一个角度看待自己和他人。也就是说，每当我们说"你"的时候，也会对我们自身多一点了解。人和人之间的关系，其实比我们日常生活中所意识到的，包含更多的内容。

布伯对人际关系的认识在他的时代是很超前的。现如今，神经科学和依恋研究中都有大量证据，毫无疑问地表明我们周围的人，以及我们之间的关系对我们的身体和心理都是至关重要的。依恋关系对于健康的影响在本书的第一部分已经讲过了。

钥匙和锁的关系

你是否也会这样，面对不同的人会有不同的表现？你也许有时候是较为自信的那一个，是做决定的那一个，有时候又更加依赖别人，听从别人的安排。

也许你会因为自己不是对所有人都一视同仁，为了适应各种不同的情况而过度地调整自己，所以觉得自己有些"虚伪"。其实这些改变都是非常正常和健康的。我们每个人身上都会保留一些孩子的需求，这也被叫作退行性需求，例如对于安全感、被保护和被关注的需求。我们身上小孩的这一面导致我们会时不时地希望别人为我们做一些事情。但只要仔细思考一下就会发现，这些事情原本应该是由我们自己去完成的。另一方面，我们也会有一些成年人的需求，又叫作进行性需求，比如对干劲、强壮、优越感和成功的需求。

当人因为儿时的某些经历，其中一方面的需求无法得到充分的满足，或者无法感知到自己某一方面的需求，就会引发一些问题。他们会过分地坚持小孩的一面，或者大人的一面，还意识不到自己为什么会这样做，而与之相反的需求就会被压抑在心底。

医生、心理治疗师约克·威利（Jürg Willi）就伴侣关系，即爱情关系，提出了伴侣共谋模型（Modell der Paarkollusion）。

共谋（kollusion，来源于拉丁语colludere）这个词的意思是相互配合。它意味着伴侣关系中的两个人有一种潜意识的、秘密的共识，两个人会有固定的场景和角色分配。你可以设想一对伴侣，其中一个人总是很仰慕另一个人，总是觉得对方十分伟大。仰慕的一方就是退行的、小孩的一方。而被仰慕的一方就是进行的、大人的一方，他很享受被崇拜的感觉,也是这段关系的主导者。他们彼此很适合。这种相处模式重复的次数越多,就会越来越固定下来。

然而,当关系持续较长时间之后,被压抑的那一部分(也就是对方身上突出的那一部分)就会开始蠢蠢欲动。仰慕的一方也希望自己能变得一样出色,而被仰慕的一方会觉得对方只关心自己完成了哪些事,觉得自己必须得总是做更强的那一个。如果他们一直意识不到这个问题的话,就会开始对这段关系感到不满意,越来越频繁地争吵。

约克·威利描述道,伴侣双方之间通常有一个基本的联结。他们就像直接对立的两极,像钥匙和锁一样,是相互匹配的。

除了上面这种自恋型的共谋模式之外,还有三种典型的共谋模式。

扩展:伴侣的共谋模式
——关系中潜意识的力量

1. 自恋共谋:一方仰慕另一方。这种关系中潜在的问题是:这段关系需要两个人放弃多少的自我,两个人又能在多大程度上保持自我。课题:仰慕的一方需要有更多的自我价值感,而被仰慕的一方需要认识到,自己并不完美。

2. 口欲共谋:这种相处模式的特点是母亲般的关心和照料(根据孩童成长过程中的口欲期命名,口欲期最重要的需求是被喂奶的需求)。这种模式中的核心问题是:一方可以多大程度上要求对方像照顾孩子一样照顾自己,且不求任何回报,以及另一方多大程度上愿意扮演无私奉献的母亲角色。课题:被照顾的一方要努力提高自己的独立能力,照顾的一方要学会照顾到自己的需求,学会索取。

3. 肛欲共谋：这种相处模式的关键词是控制、权力和服从。问题：依赖的一方可以有多少自主权，而统治的一方可以有多大的统治权呢？课题：统治的一方要学会让步，被统治的一方要学会坚持自己的想法，维护自己利益。

4. 阴茎共谋：这种相处模式体现了经典的性别差异。一方欣赏另一方身上的女性魅力或男性魅力，而另一方没有那么强调自己的性别特征。开始的时候，一个大男子主义的男性和一个娇羞的女性，或者一个丰满的女性和一个柔弱的男性经常可以相处得很好。但是一段时间之后，进行的一方可能会感到失望，而退行的一方也会想要展露自己的锋芒。课题：男子主义的男性和一个丰满的女性应该要就事论事，而娇羞的女性和柔弱的男性要学会大方地展示自己的性别魅力。

如果目前的关系出现了问题，想要改善的话，可以先好好想一想，你们的关系中重复出现的困难是否符合上述某种模式。以下这几点会对你们的关系（尤其是稳定的伴侣关系）有所帮助：

1. 认识到自己潜意识中把哪些需求转移到了伴侣身上，在伴侣身上得到了满足。（例如对伴侣的仰慕，而不是自己去取得成功。）

2. 尽可能地接受伴侣本来的样子，让他做自己，不要将自己的愿望转移到他身上。

3. 要认识到，在一段关系中，双方有所不同正是意味着两个人在同一条船上。长久关系中的对立和矛盾，表示立场不同的双方在为同一件事努力。正是在这些矛盾当中隐藏着很大的发展潜能。

如果伴侣之间的相处给你带来了不适，引起了心身的症状，影响到了正常的生活，则可能需要进行专业的心理治疗。如果伴侣之间相处的问题影响到了两个人的共同生活，可能需要夫妻（情侣）共同进行治疗。最好是和心理治疗师共同商讨最合适的治疗方案。

如果不是两个人的关系出现了危机，而是个人发展的问题，那么和伴侣进行对话也会对你很有帮助。

二人对谈——把关系中的问题说出来

两个人相遇的时候，会认识和了解真实的彼此。但同时，背景里就好像放着另一部电影。每个人都会把自己以前的情感经历投射到对方身上。这可能会对这段关系起到促进作用，也可能会造成一定的阻碍。

回忆一下你和你伴侣之间的关系（或者其他的长期关系），你应该会发现，你们之间的摩擦有一些固定的模式。这些摩擦背后的原因通常都是没有说出口的愿望和需求。上一节我们已经看到，伴侣的选择以及长期关系中的问题可以通过共谋模型进行解释。

根据这个模型，在一段关系中，人的一部分需求会被压抑，并在对方的身上得到满足。如果可以更多地看到对方本身是一个怎样的人，而不是他在这段关系中是一个怎样的角色，会对你们的关系很有益处。因为在关系中，你总是戴着自己的眼镜去看对方，看到的可能和真实的有所偏差。但是在日常生活中具体要怎么做呢？

为了帮助伴侣改善两个人之间的关系，心身医学家米歇尔·卢卡斯·莫勒（Michael Lukas Möller）提出了一种方法——"二人对谈"。

在两性关系的经典著作《真相始于二人对谈——情侣对话指南》一书的开头，莫勒就描述了很多情侣或夫妻时间长了之后就不再好好看着对方了，甚至在日常生活中避免相互交流。但是，当感情逐渐变淡，我们不应该什么都不做，只是默默忍耐。感情变淡的原因经常都是某种形式的失语，也就是交流产生了隔阂。

通过两个人之间进行对谈（在家就可以完成），就有可能消除隔阂。对于怎样能自己在家成功地进行这种对谈，莫勒提出了许多规则。这些规则我在给患者进行夫妻治疗或者亲属关系治疗时，也经常使用，确实非常有效。

在进行对谈时，重点不是去讨论那些有争议的点或者寻求什么问题的答案，而是站在对方的角度去想问题，走进对方的心里。要去分享自己内心的感受、矛盾、梦想，也要去体会和了解对方的内心。在我们的日常生活中，往往没有时间去站在对方的角度上考虑问题。

为了尽可能地方便大家进行尝试，我将对话的规则进行了简化。如果想要更深入地了解，可以去看《真相始于二人对谈——情侣对话指南》那本书。

扩展：如何进行二人对谈

首先，请冷静地谈谈你们作为夫妻或情侣是否愿意进行二人对谈，以及进行二人对谈可能会有哪些好处和坏处。一起决定是否要进行二人对谈就已经是很重要的一步。如果双方都确实有对谈的意愿：

每周拿出一个小时的时间。

规律地进行对谈，不要找借口推辞，这一点非常重要。

将这一个小时的时间分成四个15分钟，每个人都有两个15分钟的时间可以说话，另外两个15分钟听对方说。60分钟之后就停止讨论。轮到你讲话的时候，可以以这个问题为引导："目前最困扰我的问题是什么？"

从自己的感受和想法出发，使用第一人称。你对对方、对你

> 们之间的感情，有怎样的感受？注意只谈自己。（生活中人们总是很快就把重点转移到对方身上。）
>
> 讲述的时候，注意观察自己的感受和态度，是不是在你们认识之前就出现过？（所以说只谈自己很重要，不要急于去说对方。）
>
> 对话中不要提问题。轮到谁说，就说自己想要什么，不要去回答对方的问题。倾听的一方也不要给对方提建议，只要倾听就可以了。

二人对谈要持续进行三个月。三个月之后，聊一聊彼此对谈话的感受，决定要不要继续。

以上对话规则，是基于莫勒对于如何改善关系的认识提出的。下面的内容，不是要遵守的规则，而是对谈的发展目标。大致上有这么几点：

1. 不要总是觉得理想的关系中，两个人应该保持相同的频率。通过对谈学会接受对方身上和自己不同的东西。

2. 学会把你们两个人看作是一段关系的两个不同的面，而不是看作是两个完全独立的个体。

3. 逐渐让交谈成为你们生活和关系中的一部分，不要觉得言语中都是唠叨和抱怨。

4. 学会说出自己个人的想法，而不是使用那些大家都经常使用的表达和偏见。

5. 学会为自己的情绪负责。发现自己情绪背后隐藏的意图，不要再认为是对方造成了我们的情绪，也不要认为情绪是无缘无故突然袭来的。告诉自己："我的情绪是我自己造成的，需要我自己负责。"

改善关系的工具

原则上来说，二人对谈也可以用于其他亲近的人，比如朋友、父母或者兄弟姐妹。但是大部分人肯定都想，在对方不发觉的情况下，通过自己的行动和全新的态度去改善一段关系。

这里我总结了10个改善关系的工具。在12年的医生和治疗师生涯中，这些工具对我的患者以及我个人都提供过很大的帮助。我专门挑选了那些较为简单的、可以快速实施的方法，而不是那些复杂的、难以理解的。这些工具在任何形式的关系中都可以适用，不局限于伴侣关系。

哪些时候沉默比说话更好

前面我虽然非常支持二人对谈，但是这里也必须提出它的限制。心身医学就是这样的一个领域，很多东西都不具备普遍的适用性，要根据具体的情况、目标以及患者的性格进行分析，提出相应的解决方案。

对话在伴侣关系中非常重要，这一点我还是不否认。但是也有一些情况，对话压根起不了作用。你可以想象一座冰山，冰尖露在海面之上，就像泰坦尼克号里面那样。这个水面上的部分就是我想向对方传达的信息和内容，大概占整座冰山的20%。那么还有80%是在海面下的。这一部分其实就是我们前意识和潜意识中的一些行为动机，比如恐惧、矛盾、欲望、创伤、遗传物质和本能（神经生物学有研究证实了情绪冰山模型）。也就是说有80%是藏在水面下，看不到的。但是这些所有的东西都会不知不觉地进入到我们的交际当中。

你真的想跟你周围的人，跟你的领导、你的邻居、你伴侣的父母去探索这个高深莫测之境吗？我相信答案是否定的。重点是，要找到那么一两个人，是值得让你去进行二人对谈，值得深入交往的。对于所有其他的人来说，在水面上看得到的部分周围进行航行，注意不要撞上去就可以了。尽量调整自己去配合对方，那些神秘莫测的水下部分就让它去吧。

如何获得他人的尊重

很多患者都向我抱怨没有得到周围人的尊重。比吉特是一个40岁左右的女性患者，有抑郁的症状。她说她周围的人都忽略她。尤其是她7岁的女儿蕾娜，她提什么要求她女儿都不当回事。比如她跟蕾娜说受不了蕾娜在客厅玩电子狗，弄得很大声。但是蕾娜还是继续玩，完全不讲道理。因此比吉特就认为，蕾娜对她缺乏尊重。为了获得蕾娜的尊重，比吉特决定态度坚决地采取惩罚措施。当她讲到她试过很多办法全都没有效果，泪水就涌了出来。那是绝望的泪水。

当我问比吉特，蕾娜为什么这么喜欢玩这只狗，在哪里玩可以不打扰到她，她条件反射似的回答道："根本就不应该玩。难道您会觉得电子狗是什么好玩具吗？"

这就正好回到尊重的问题上来了。她并不尊重她女儿的喜好，无法理解女儿为什么会为一个机械狗而感到兴奋。在她们家已经形成了一个不尊重的循环。

在接下来的几次谈话中，我发现比吉特小时候也没有得到父母的尊重。但是她却完全没有意识到自己经常对别人也没有表现出尊重。只有当别人不尊重她时，她才会觉得有问题。

想要获得别人的尊重，只有一个办法，那就是先尊重别人，尊重别人的需求。

通过尊重别人，可以获得健康的、相互的尊重。所有其他的帮助手段，例如比吉特试图通过严厉和权力获得尊重，在我看来都不利于关系长期、健康地发展。

后来比吉特和蕾娜商量，把电子狗养在儿童房。这对蕾娜来说可以接受，比吉特也开始尊重和理解，那个电子狗当时就是蕾娜最心爱的玩具。后来每次晚饭时，蕾娜还是会聊起她的宝贝狗狗，但是不会骄傲地拿到客厅展示了。

降低期望值

塞巴斯蒂安，一位25岁左右的男患者，跟我绘声绘色地描述，他希望未来的伴侣是什么样子。他是因为强迫症来进行治疗的。因为他在读大学，所以有很多机会认识女性朋友。

虽然他非常渴望恋爱，但却总是对约会的女性感到很失望。他想找个性格好的、有魅力的，并且没有长时间恋爱经历的女朋友。她需要很注重细节，处处表现对他的爱，还一定要有幽默感。最重要的是，她得向塞巴斯蒂安发出信号，让他知道她对他有兴趣，还应该主动安排下一次的见面。对于接下来的见面，应该要有新奇的点子，而不是只知道老一套。

简短地说：塞巴斯蒂安一次又一次对女性感到失望透顶，从来没有过一段关系持续超过两个月。

他的问题在于期望值太高。我们每个人都有很多的期待，但是我们必须要对这些期待进行过滤，才有可能在现实中实现。我们的期待往往来源于小时候对人际关系的期望，就像孩子想象自己父母之间的关系是什么样子，长大后就会在自己的恋爱关系中有这样的期待。我们的很多期待其实都是不现实的，失望是不可避免的。失望之后，就很难看到我们已经得到的东西的价值。这不仅会导致我们对对方不满意,也会导致对方对我们不满意,因为他会觉得,他满足不了你的期待。

我们应该要认真对待自己的期望,但也要批判性地审视它们,而不是一味地坚持。其他人不是为了满足我们的期待而存在的。

也许你想搞清楚,你自己有些什么期待。如果你很清楚自己想要什么,你就可以让自己稍微抽离出来,以一个开放的心态去面对生活。期待这个词也是有一个面向未来的含义的:期待一些事情的到来。塞涅卡认为,期待是幸福生活最大的影响因素。他说:"生活最大的阻碍,就是对明天的期待。因为它会毁了今天。"

和解

一个人如果在工作和生活中很喜欢争辩,总是坚持自己与别人的不同意见,那么长此以往,他体内就会持续发生压力和免疫反应。压力和免疫系统的活跃会增加肾上腺素和皮质醇等激素的分泌。对人体来说,这种持续活跃是不好的,需要时不时地休息一下。因此,在每次激烈的争辩过后能重新和解就显得尤为重要。

我经常看到很多人,压根就不去和解。我的患者史蒂芬就是这样。他的男朋友看了他的私人信件,他非常生气,他俩大吵了一架,之后史蒂芬就不跟他说话了,完全不理会他。一个星期之后,我问史蒂芬,接下来怎么办呢?他对这个问题感到非常惊讶,因为他完全没有计划。他认为是他男朋友应该主动做点什么,而不是他。

然后我开始跟他商量,是不是可以主动去和好呢。主动和好不代表他男朋友的行为是可以原谅的,也不意味着贬低自己。主动和好的原因其实很简单,那就是这样做对两个人都好。

我也知道，不是任何情况下都应该主动去和好。但是从给患者做治疗的经验来看，很多人经常想都没想过要去和好。

不要解释，直接去做

我的一个熟人朱莉娅能把她在工作上的问题解释得头头是道。她说因为她太好说话了，所以那些没人愿意做的工作就全都落到她身上了。她也尝试过几次跟同事和领导说这件事。她受不了了，因为她事情多到根本做不完。但是每次说完之后，最多能好三天，然后就恢复老样子了。

后来我告诉朱莉娅，她有一个很多人都有的问题。把自己的感受说出来固然很重要，但是在工作部门这种庞大迟缓的体系里面，不仅要说，还要行动。等到所有同事都理解她的处境，她早就要累死了。为了快速达到她的目的，她必须要行动起来。那些额外的、实在做不了的工作，就应该放着不做。

对于朱莉娅来说，刚开始的阶段可能会比较难。当她的同事发现她跟以前不一样了，可能会感到困惑和生气，也就不会像以前那样感谢她，喜欢她。她必须要接受这一点。但是几天之后大家就会适应了，看到那些没做完的工作，同事也会去分担更多，因为如果没有人去做的话，对大家都会有不好的影响。

如果你想改变什么，那么你一定要知道，对于你身边的人来说，你的行动往往比你的言语更有力量。

给予信任

在克服疾病的过程中，信任他人和信任自己是一项很重要的能力。很多来找我的患者，都很难去信任别人。他们的这种不信任也不是没有原因的，很多人都是因为在小时候信任遭到了利用或者被忽略了。

因为他们现在是带着一种不信任的态度去看待世界，所以就会收到很多的不信任，这就会一次又一次地让他们觉得自己的不信任是对的。

你可能会说："这怎么可能呢？"但确实是这样。你对别人不信任，他们是能感受到的，然后他们就会自我保护，表现得更加谨慎和退却。如果有人对你很冷漠，你大概也不会对他敞开心扉，也会不信任他吧。

正是因为这样，我们才更应该先去信任别人。我越是信任别人，别人就越不会让我失望。信任是非常重要的。我们可以想想理发、看牙、外科手术这些场景。很多事情我们是不可能自己去完成的，必须得依赖他人。因此我们要学会信任他人，而且是全心全意地信任他人。

不要总是想着说服别人

我的一个患者弗兰克刚退休，确诊为强迫症。他的问题是这样的：他家里有很多继承下来的地毯，这些地毯的两头都有流苏，这种款式以前大概很流行。当这些流苏都被梳理整齐，摆在地上时，弗兰克会觉得非常赏心悦目。

但是他的妻子不这么认为。弗兰克的原话是，她"毫无顾忌"地在刚梳好的地毯上走来走去，把它们全都弄乱了。他跟她就这件事说了好几次，她每次都表示理解，也确实更注意了。但是不出三天，地毯就又乱了。这搞得弗兰克非常痛苦。

弗兰克要做的是，不要再企图去说服他的妻子，让她和他一样认为地毯的流苏必须要保持整齐才行。当有些事情做了很多次，仍然还是不成功，也许说再见反而更轻松，你还可以用这些能量去做其他的事情。在这个过程中，必须克服自己内心的坚持，学会放弃。后来弗兰克告诉自己，如果地毯连续几天保持整洁，那只可能有一个原因，就是他的妻子去世了。想通这一点之后，弗兰克的情况好转了很多。

事实上，一段时间后，弗兰克真的开始把乱糟糟的地毯当成家里很有生机和活力的表现，地毯乱就代表着他心爱的女人在他身边。当他改变了自己的想法之后，就不再为这件事感到烦心了。

友情是什么

我在这里没有办法告诉你们，怎样建立和维持一段友谊。但是友情所需要的东西，可能和很多人想的都有所不同。你不是一定要达到什么成就才会有朋友，朋友之间不一定要盲目地理解对方，也不需要永远意见一致。往往正是在你表现出脆弱，说出自己害羞、害怕或者内疚的事情时，友情才会发生。当你愿意变得脆弱，而且在脆弱时仍然愿意相信一个人，我认为这才是友情。

进行思维考察，而不是大发雷霆

我们有时候很想对身边的人好，但就是做不到。有些人之间可能会慢慢开始瞧不起对方、对对方不感兴趣，或者回避对方。比如有些人对自己的孩子就是这样。这在关系中是很不好的。也许你想对你的孩子或者伴侣好，但是他们并没有像你期望的那样对你，于是你就会感到生气和怨恨。

这通常都是因为以前的某些经历被激活，让你产生了消极的想法和感受。于是我们就会对身边的人不好，事后又很懊悔，觉得自己不应该这么做。

大脑在不好的经历被激活后，自动产生消极想法的过程其实是可以打破的。著名的教育专家、畅销书作者娜奥米·阿尔多特（Naomi Aldort）提出了一种方法，叫作"思维考察"。她在提出这种方法时，是针对孩子的教育问题的。但是在我们和他人的交流中，想法和情绪过于激动的时候，这个方法也很有用处。

扩展："思维考察"怎么做

如果别人对你说了一些话，让你非常恼火，这时候你可以在内心和自己进行一个对话，从当下发生的事情中抽离出来几秒钟。

有一点你要清楚，人有时候说的一些话是从内心迸发出来的，就好像有人把这些话放进了你的嘴里，让你不得不说。就好比电脑自行启动了一项程序。想象你内心打开了一个标签页，你不要按照上面的话去做。那只会让情况变得更糟糕，而你事后肯定又会后悔。这些话不是你真实的想法。你只需要在心里把这些话默读一遍。这时候可能会有一些回忆涌上心头，随它们去。此刻你感觉到的任何东西，都是属于你自己的，你不需要为此去付出行动或者做出改变。你脑海中的那些画面就像是旧的磁带录音，和现在的你没有多大的关系。

刚开始的时候可能会需要一些时间，去想象在内心打开一个网页，在心里默读上面的内容。习惯之后就会越来越快了。

慢慢地你就可以把思维考察继续精细化：

1. 你在恐惧或者愤怒的时候，内心的那些话适合在那个情况下说出来吗？它们真的是你想说的话吗？

2. 如果你对别人不再有那些贬低的想法，你会变成一个怎样的人？

3. 在你关于别人的想法中，有没有一些其实也隐藏着你对自己的要求呢？当你说"他早该学会这个了！"，这当中常常也包含着对自己的要求，希望自己能学会更多东西，变得更好。

激动、暴躁也可能是心理疾病的表现，例如情绪不稳定型人格障碍。这些疾病的患者虽然知道自己的行为会有严重的后果，但就是没有办法控制自己的怒火。这种情况下必须进行医学以及心理治疗。

亲密感和距离感

容易压力大，有睡眠障碍、肌肉紧张、疲惫等问题的人，可以好好关注一下自己对亲密和疏远的需求。

我们人的内心是很矛盾的，我们既需要亲密感，也需要距离感。我们经常会不自觉地进行微调，寻找正确的那个距离。就好像我们面前有一堆熊熊燃烧的篝火，我们想要靠近去取暖，但是走得太近之后又要及时撤回来几步，以免太烫烧到自己。

我的很多患者在关系中都很难保持必要的距离，因为他们太渴望亲密。但其实人也需要一定的距离感，才能保持良好的状态。缺乏距离感，身体经常会出现一些症状，例如疲惫、疼痛或者恶心。而这些症状正好就是为了让我们后撤一些，保持一定的距离。这样一来，对距离感的需求就会通过从心理转移到躯体，从而得以实现。有时候对另一个人的生气和失望也会使你跟他保持更远的距离。相反，对亲密感的需求也可能会通过由心转移到身的机制而得到满足。

通过一个小小的练习就可以测试出，你所需要的是怎样的距离。

摆脱心身陷阱
第26篇：亲密感和距离感的实验

这个小实验的第一步，是先感受一下你身体的边界。请舒服地坐在一张椅子上，然后把手放到不同的身体部位：肚子、胸口、腿、手臂、头部。你要清楚，你手摸到的地方就是你的自然边界，即你身体的边界。继续沿着身体的边界移动你的手。在心理治疗的身体疗法中，感受身体的边界是"身体扫描"的一部分，在治疗进食障碍等疾病时会用到。在很多疾病当中，明白身体是属于自己的，有意识地将躯体世界和外界区分开，是很有益处的。

第二步是要摸索出，你在身体周围需要多大的保护区域。伸开你的双手，感受周围的空气。当你和其他人处于同一空间时，注意一下，你跟人隔得近一点、远一点，你的感受会有什么不同。摸索出一个你自己感到最舒服的距离。花半分钟的时间，平静地感受一下。

日常生活中，我们注意力常常都在别的事情上，不太会去注意自己的感受。不同的人想要靠近你时，你会有什么不同的反应？有哪些人，你不希望他们离你太近？

我的一个好朋友是一所小学的校长。他刚换到一所新的小学时，发现开着办公室的门会让他感觉不舒服，身体也会比较紧张。一整天都是这种紧张的状态，就会让他感到非常疲惫不堪。现在他会定时关上门，于是就好多了。他的一个小举动避免了自己的不适，而且关上门也不影响任何人。他其实对他的同事是很友好的，但是他不需要通过打开办公室的门来显示自己的友好，而是有更成熟的表达方式，那就是肢体和语言。这样他就可以获得自己所需的边界感。你对亲密感和距离感有哪些需求和问题？有没有可以改善的地方呢？

参加活动，进行运动：找到适合你自己的东西

我们已经讲了心身健康四个重要支柱中的三个：一、成为自己的朋友；二、自我安抚的能力；三、和他人的关系。接下来我们会讲到第四个支柱，那就是参加活动和做运动。

重新拾起以前的爱好

如果想要改善自己的心身健康，我强烈建议大家去做那些会让你感到快乐、能激起你的好奇心的事情。如果在过去几年中，工作和家庭占据了你太多的精力，你可能会觉得在你的小宇宙中，虽然齿轮还在正常运转，但是你个人却停滞不前了。这时候你可能根本就不知道自己喜欢做什么事情了。你喜不喜欢在大自然中散步？喜不喜欢周末跟朋友打网球？或者你想不想学钓鱼？

在各种各样心理治疗的教科书中，都有很长的"积极活动"清单，这些事情可以让人的身体和心理活动起来。但是经验显示，患者虽然会从这些听起来很不错的事情中选出自己想做的，比如"玩游戏"或者"看电影"，但是根本就不会真的去做，或者顶多做一次。

这些想法和点子明明都是很好的，那究竟为什么会这样呢？

脑科学家格哈德·罗特（Gerhard Roth）给出了答案：人很难改变自己。人去改变自己，是因为期待改变之后可以获得奖励——一种由大脑中的快乐素引起的快乐的感觉。而且只有在做以前有过积极体验的事情时，人才会期待获得奖励。当他第一次尝试做某件新的事情时，就不会产生这种期待。他不会因为医生告诉他，变得更幽默，更积极地思考问题，散步、钓鱼等等有助于克服压力和焦虑，就对这些事情产生积极的期待。

因此，他所有想要为自己的健康做出的努力，都应该要跟以前的积极经验联系起来。只有这样，才会更容易坚持下去。如果小时候你爸爸经常骂你，给你很大的压力，但是你有一个很乐观、风趣的爷爷，给你的生活带来了很多的欢笑，那么一部搞笑的情景喜剧可能会对你有好处；如果你小时候夏天喜欢跟妈妈一起去爬山，那么现在散步也许可以给你带来很多的能量；如果你小时候跟青年团①的人一起去钓鱼，度过了许多愉快的时光，那么你现在也可以去钓鱼。

想一想，你以前喜欢做什么事，现在很可能仍然还喜欢。肯定会有一些你曾经热爱的事情，随着时间的推移逐渐被你遗忘了，但是其实这些事情可以给你带来很多的力量。那么现在就应该重新拾起这些爱好，和以前的积极经验建立联结。

我的爱好是广播，我喜欢自己做广播节目。我小学的时候就用一个旧的卡带式录音机和一个卡西欧键盘录过广播节目。我播过天气预报、在邻居间做过采访、对我们当时住的房子门口的建筑工地进行过

---

① 由教会、社区或者当地政府组织的青少年团体，旨在组织大家一起进行集体活动，促进青少年成长。——译者注

批评报道。录下来的东西给我父母在车上听。"欢乐时光"是我给我的广播秀起的名字。我大概是很喜欢这种又可以自己准备文章材料，又不需要出镜的方式（我不太喜欢在人前展示自己）。再加上我很喜欢摆弄各种仪器设备，也比较喜欢音乐。

六年前，我感到是时候去追求在我心中扎根已久的兴趣了，于是我开始和我的朋友杨（Jan）一起做播客，在网络上发表心身医学有关的内容。在此之前我其实也尝试过其他几种形式。做这件事情让我感到非常的轻松。一直到今天，做播客都可以给我带来很大的快乐。我很确定，这就是属于我的爱好。

请拿出一点时间，好好地想一想以前什么事情最能给你带来快乐，或者有什么你最想做的事情，但是没有机会去做的。也不一定非得是做过的事情，重点是你很有动力，很想去做，而不是你已经为它付出了多少努力。也许你小时候只是在邻居家的钢琴上乱弹了几下，但是这也可以成为积极的联结。

那么，属于你的事情是什么呢？

运动

运动是人的一种基本需求。婴儿在出生之前，就已经开始运动，并且可以通过肌肉的运动来表达紧张等各种情绪，不过婴儿起初的运动没有什么固定的方向性。

但是即使是在成年之后，运动和活动也可以安抚情绪，减少烦躁和恐惧，使心情缓和，促进身心愉悦与和谐。越来越多的研究结果表明，运动对身体健康非常有好处，尤其是对心身健康更是好处多多。例如普通的北欧健走就可以激活身体，抵抗抑郁，达到专门的身体疗法类似的疗效。有氧运动，比如中等强度的耐力训练，也具有抗焦虑的作用，并且可以减少压力对身体的影响。从心身的角度来说，运动特别好的一点是，它可以调节交感神经和副交感神经之间的相互作用，这样身体就会比较不容易受到压力的影响。规律的锻炼使身体交替处于紧张和放松的状态。与始终处于安静状态相比，这样身体能够更好地对压力的数值进行校准。

因为现在我们的生活越来越舒适，所以很多人对自己的身体都没有什么感觉了，也感受不到运动的快乐。但是因为生理和心理过程是紧密联系、相互影响的，所以我非常推荐大家多做运动，对身体和心理都有好处，尤其是那些需要团队协作的运动效果是最好的。

可惜现在的人每天要花很多时间和精力去回短信、微信和写邮件。这经常会导致精神的过度疲劳和过度刺激，搞得人没有兴趣，也没有力气去让身体动起来了，就只想"躺平"。

我的意思不是要大家不顾自己的能力和需求，一股脑儿地完成一大堆的锻炼计划。如果你以前从来没有做过任何运动，应该怎样开始呢？

摆脱心身陷阱
第27篇：从简单的运动项目开始

运动可以延年益寿，可以说是一种极其有效的良药。每天运动15分钟，死亡的风险就会减少14%。有心身疾病的人，做运动也是非常合适的。因为运动有益于心血管、神经系统、免疫系统和内分泌系统，而这些正是身体和心理的联结之处。运动也会促进血清素、肾上腺素和多巴胺等快乐激素和奖励激素的集中分泌，改善情绪，减轻压力。每周慢跑

30分钟效果不亚于抗抑郁药物。

根据我的经验,我建议在选择运动的种类的时候,不要给自己设定太高的要求,哪怕出发点是好的。在健身房办两年的卡也不意味着立马就能看到效果了。我总是听我的患者说在哪里哪里办了卡,有这样那样的计划,但是经常也就停留在办卡和计划上了……不过这我也是很能理解的。

最低门槛的运动可能就是遛狗和骑自行车去上班了。散步和骑车虽然是比较低强度的运动,但是也可以达到最大心率的70%。下一步我建议可以开始游泳、慢跑或者北欧健走。当然你也可以将不同的运动结合起来。重点是不要给自己设定过高的目标,因为哪怕是热衷运动的人也可能会出现计划谬误。计划谬误是指人会低估一项计划所需要的时间和金钱,以及它所带来的风险。这显然是自信和无知所导致的。

如果你在工作中需要久坐或久站,那么你可以在工作中穿插一些运动来进行放松。这些练习可以在康复运动中心了解到。尤其是身体条件有限制的人,康复运动中心可以提供很多的运动方案。在必要的情况下,医生也会规定你必须要参加哪些训练。

当然,和其他所有东西一样,运动也有不好的一面。有些人会通过运动去逃避内心的紧张、矛盾和长期的压力。这些人喜欢运动到了上瘾的程度。我们经常会听到运动员使用兴奋剂去让身体完成一些根本不可能完成的任务,或者有些人因为运动过度关节受到损伤,甚至有人跑马拉松跑到猝死。

过度运动的心理原因有可能是这些人试图通过运动上的成功去弥补自己严重的自尊问题。当他完成不了自己设定的运动目标时，原本的心理问题就会爆发出来。有些进食障碍症的患者也会控制不住想要运动的冲动，因为他们想通过运动减轻体重。所以说运动成瘾也可能会非常危险。

如果你患有躯体、心理或者心身的疾病，则需要咨询医生你适合做什么样的运动，以及怎样的强度是合适的。总之无论如何，都应该好好照顾自己。

园艺、烹饪、美食

享受是身体和心灵的双重体验。下面这些事情中也许有一些能给你带来满足感？

花园凉亭

除了运动之外，还有一种活动已经被证明对健康很有益处，那就是做园艺。我自己虽然对花园的工作没有那么感兴趣，但是我的妻子非常热衷于园艺。我偶尔会帮忙修剪一下草坪。现在到处都很流行弄个花园。而且我相信，人的一生当中总会有某个阶段很想拥有一个属于自己的花园，泥土、荒地总会给人带来一种征服的感觉。

事实上，我们家在柏林市郊租的一片小园圃确实对我来说具有特殊的意义。不仅仅是我，在那里租园圃的人都是这样。有几个人曾经跟我说，就好像人到了某个年龄就会想要生孩子，或者不可避免地会生病一样，到了某个特定的年龄，花园对他们就开始具有一种很特殊的意义。为什么会这样呢？花园之所以有这么大的吸引力，我认为一部分原因是它的不确定性，你永远不知道会碰上什么：把所有植物都毁掉的鼹鼠、偷吃生菜的蜗牛、蚜虫、暴雨、洪水、干旱、土壤沙化等等还有很多。做园艺需要有耐心，对新技术、新知识持开放的态度，还需要很强的专注力。但是你永远不可能百分之百地控制将会发生的事情。你会感受到大自然的强大。在花园里待着可以让我静下心来，赶走浮躁。

我们的花园总是有很多收获：巨大的西葫芦、草莓、土豆还有各种各样的香草。每次看到新鲜的果蔬堆成山，总是会让我有一种生机勃勃的感觉，而且好像所有的生命都相互联结在了一起。我并不想为花园租赁打广告，但是可口的蔬果真的有很大的魔力。

我很喜欢修剪草坪时，青草清新的香气。那种味道会让我想起我的童年，想起小时候我们家漂亮的花园。当我坐在花园的小木屋前，我觉得那就是我最喜欢的地方，是一个可以远离尘世喧嚣的隐秘之处，可以让我从日常生活的压力中恢复过来，让我的身体充满力量。我的花园就是一个能够让我感到舒服的地方。

让你舒服的地方不一定非要是花园。但是花园对于很多人来说都有疗愈的作用，在我们的文化里，花园在很多人的心中都占据着重要的地位。我的不少患者在听从我的建议之后，都能够找到自己的自留地，找到一个自己待着很舒服，而且能让他们找回自我的地方。花园会不会成为你的自留地呢？

烹饪

如果你想要让自己的心理和身体变得更强壮，那么就绕不开烹饪和饮食。我们先来说烹饪。

烹饪，尤其是为他人烹饪美食，可以刺激人体的依恋系统。用新鲜的食材进行烹饪，就是对自己的健康进行投资，同时也有益于自己和一同吃饭的伴侣、朋友、孩子之间的良好关系。对于孩子来说，这也是对他们未来生活的一种投资。因为每一次烹饪的过程，每一次享受着美味佳肴度过的美好时光都会融入到他对自己的印象和理解当中。

我们每个人在烹饪和饮食方面都有自己的故事，每个人都有自己最爱吃的菜和最拿手的菜。哪怕是到了退休的年纪，儿时见到美食时激动的心情仍然会存在。我强烈建议大家，时不时地翻一翻自己脑子里的食谱库，学着做一做奶奶的招牌土豆泥或者妈妈的田园早餐。

当你吃上自己做的饭，或者和别人一起享用自己做的美味佳肴时，你完全有理由感到自豪，应该感谢自己的付出。感恩也是研究证实可以提高幸福感的一个重要因素。

摆脱心身陷阱
第28篇：怀着感恩的心

拿出一个记事本，每天晚上写下三件值得感恩的事。感恩是对健康有好处的。每当你脑子里想到的全都是不好的事情，或者没有解决的事情，就想想在这一天里有没有发生什么值得感恩的事，一直到想到了三件为止。如果记录感恩的事能够让你状态好一些，你也可以坚持记感恩日记。

例如我某天记下来的三件事（2019年冬天）：

我女儿的一位新老师很友好地向我介绍了自己。

我的一位患者向我吐露了一件害羞的事，我们的治疗过程有了很大的进展。

我的朋友在我态度不好的时候没有生我的气。

这样做确实是有效的！当我想到那些美好的场景时，真的很受感动。

另外还要说一下，那些不善于感恩的人有时候会说，这些事情都是很自然的嘛，没有什么特别的。这是一个很大的误区，甚至可以说是对世界严重的错误认识。没有什么是理所应当的。

饮食

应该怎样吃才对身体好呢？现在一些据说有超能力的食物很受欢迎，被称为"超级食物"。相反，有一些食物遭到了严重的唾弃，比如牛奶和小麦，就算不过敏也不推荐吃。我最近甚至还看到"大脑食物"这样的概念，据说指的是一些能给大脑提供特别多能量的食物，比如全麦面包和坚果。

但其实饮食中最重要的，我们的爷爷奶奶辈就已经知道了，那就是——要均衡饮食，多吃新鲜的蔬菜水果，多吃鱼类，偶尔食用肉类，多吃坚果和高品质的橄榄油，也就是所谓的"地中海式的饮食"。这些东西就足够为我们提供所有身体所需的营养物质了。古老的智慧时常换上新的外衣，时不时地就会有新的饮食方式流行起来，其实都是为了帮助我们改善健康状况，提高身体的表现。

我希望大家不要为了吃得健康，就去为一些可疑的产品掏钱。其实我们不需要专门学过化学，也可以很好地通过饮食为自己的身体和心灵提供它们所需的营养。根据我的观察，我发现现在好像越来越多的人指望通过摄入或者不摄入某种物质，来解决什么问题。这其实是消费社会的弊端，人们的需求越来越多，经济永远不停地追求增长，只有这样社会才能保持繁荣。但是内心的成长、心智的发展、和自己对话不能像那些Facebook广告一样带来利润，因此也就不会被吹捧和宣传。

正念饮食

如果你想吃得更健康，改善暴饮暴食的问题，那么你可以尝试一下正念饮食。

吃之前，仔细地观察食物。你对眼前的东西有食欲吗？想一想，它健康吗？如果你把它吃下去的话，你的身体能消化和利用它吗？根据食物的形状、质地的不同，你还可以摸一摸、闻一闻。目的是跟食物建立联系，获取更直观的感受。好好地分析一下，哪些东西你真的喜欢吃进身体里，哪些东西吃下去之后可能会对你造成负担？

然后将你的注意力转移到自己的内心：我现在真的饿吗？我想吃什么？我的身体需要什么？你也可以先喝一点东西，然后再感受一下自己是不是真的饿，还是只是一种习惯，到了时间就觉得要吃东西？你是否喜欢在紧张、沮丧和着急的时候吃东西安抚自己，就像母亲给哭闹的婴儿喂奶，安抚他的情绪一样？

有些大家常说的老话可能也不一定对。比如"碗里的东西要吃完！"就可能在某些情况下不利于身心健康。尽量去倾听你的身体发出的声音，它还想继续吃，还是已经吃饱了？如果你不想吃了，剩下也没关系，明天的天气也不会因此变得糟糕①。你也可以吃慢点！你可以时不时地放下餐具，仔细地去感受一下口中食物的味道，是咸的、辣的、苦的、甜的还是酸的？也要注意观察自己是否已经饱了。

---

① 德语俗语"Iss deinen Teller leer, dann gibt es morgen gutes Wetter"（把你盘子里的东西吃完，这样明天就会有好天气），原本系方言的误传，后来常常被家长用来教育孩子要把饭吃完。——译者注

饱了之后你还会继续吃吗？你是吃到七分饱就够了，还是一定要吃得很饱才会停下来？

饮食其实是一种很好地跟我们的身体建立联系、爱护身体的过程。我们最好是可以有意识地拿出一些时间去跟身体建立联系，在这段时间内尽量减少其他的影响，不要边吃饭边看电视、上网或者发信息。如果能跟其他人一起享受美食，也是很好的。

为世界献出自己的一份力量

工作其实是一件很健康的事情。在人的一生中有一种很重要的能力，就是你能够为别人提供他所需要的东西，并且让他愿意为此支付费用。大部分人都是白天工作，然后晚上就可以奖励自己，享受一个美好的夜晚。

一个人的工作能力对他心理健康的影响往往被低估了。而且现在工作这件事好像被过度妖魔化了。在德国，有些人把工作当成毒药一样，好像谁稍微工作得多了一点身心就一定会受到损伤（一直工作不休息确实是会这样）。除了爱的能力之外，没有什么比工作能力对心理健康更加重要。几乎所有失业的人都觉得没有事情做很痛苦。

从我的患者身上，我还认识到一点：每个人，不管是男人还是女人，都有一种潜力，一种与生俱来的力量和能力。也许你会想到男性勃起的能力和生育的能力。但是我这里指的是另一种潜能。

很多心身疾病，例如疑病症和没有器质性原因的躯体症状，还有强迫症和抑郁症等的患者，都无法发挥自己的这种潜能。这就会让他们对自己感到非常地不满意。

这时候就需要寻找一下自己的潜力在什么方面，有没有这么一件事，可以给你带来满足感，让你愿意为之付出。理想的情况是，这件事同时也可以帮助到别人。当一个人愿意为世界献出自己的一份力量的时候，是最能获得满足感的。例如已经过世的德国著名导演克里斯托弗·施林根西夫（Christoph Schlingensief）就在非洲建了一个歌剧村。这个村子现在还存在，它是真实的，是施林根西夫力量的化身。我的意思不是说每个人都应该去建一个歌剧村，但是每个人都应该去寻找那件属于自己的事情，去思考自己能为这个世界做点什么。我认为这就是人一生所要做的。

一个人生理的体力和他心理上对自己力量和能力的感受是息息相关的。如果一个人还没有找到愿意为之付出的那件事，那么他的体力可能会真的不足。如果这件事情造成了痛苦和困扰，那么就应该去看医生或者进行心理治疗。好转之后再重新踏上征途，去寻找属于自己的毕生事业。

心理和身体之间的合作是一个非常精细而协调的过程。你是否从这一章的内容里获得了什么启发，准备往自己心身天平健康的一侧添上一点砝码呢？不管你会做出怎样的改变，我都很高兴你成功走出了这一步。

关于心身的一点哲学思考

在写作这本书的过程中我发现,如果要谈心身健康,就一定要从哲学的角度进行一些思考。

痛苦的意义

为什么我觉得需要从哲学的角度进行思考呢?答案我想在你们看完了保罗·奥斯特(Paul Auster)的自传《冬日笔记》中对于心身协作的描述之后再告诉你们。当时年轻的保罗认为和女朋友没有办法继续走下去了,于是决定一个人从纽约搬到巴黎住一段时间(他整本书都是用第二人称写的)。

"在距离出发还有两个星期的一天夜里,你的胃开始抗议了。你蜷缩着躺在床上,肚子里面钻心似的疼。疼得无比剧烈,而且持续了很长时间,让你完全受不了。你感觉就好像吃了一锅带刺的铁丝网到肚子里一样……当你终于到医生那里做完了检查,医生却肯定地说你的阑尾没有问题,你最多也就是得了比较严重的胃炎。医生开了药,说不要吃太烫的和辛辣的食物,过不了多久就会好的……一直到很多年之后你才明白，那时候自己究竟是怎么了。那其实是一种恐惧，但是你自己却不知道。你对于要离开家乡感到非常的忧虑，但是又不得不压制住自己的情绪。跟女朋友分手这件事对你的打击远比你自己想象得要严重。你想一个人去巴黎，但是这种生活的巨变又让你身体的一部分陷入了恐慌。于是你的胃里开始天旋地转，好像要把你撕成碎片。这种情况在你的一生中不断重复地上演。每当面临分岔路口的时候，你的身体都会崩溃。因为你的身体总是知道那些你的大脑所不知道的事情。不管身体是以什么形式崩溃，是发烧、胃炎还是恐慌发作，它总是首当其冲地扛起你内心的恐惧和挣扎，去承受你的头脑无法承受、或者不愿意承受的打击。"

保罗·奥斯特为他自己的痛苦找到了意义。他开始思考，尝试去理解自己为什么会胃痛。在他倾听自己的思想，感知自己的感受时，他其实已经成为了他的身体的朋友。于是他告诉自己："好吧，兄弟，我知道了，肯定有地方出了问题。"

我们前面已经说过了，心身分离其实是一种错觉，心理和身体是不断相互影响的。当身体出现问题的时候，如果我们仅仅指望依靠医学技术去进行修补，肯定是不行的。当我们身体的某个部分开始不舒服，向我们传递信号时，我们不应该视而不见。

保罗·奥斯特在文章中为我们做出了榜样，他决定把这一切忍过去，不去跟那些身体症状抗争。因为他知道，如果他想要真正认识自己，理解自己，真实地面对一切，他就绕不开这些事情。他意识到，那些让他的头脑无法忍受、让他的身体崩溃的事情，可能正是他生活中最紧张、最有意思的部分。

我在给病人进行治疗的时候，有些人一开始会不相信身体、心理和人际关系之间是相互影响的，觉得这种说法很难接受，听起来很不舒服。但是一旦接受之后，开始做出改变之后，被心身问题折磨的患者就会发现一个全新的、生机勃勃的世界，会发现自己可以为自己做很多的事情。生病之后在身体上找病因、采取对策的传统观念必须要抛到脑后了。我想用这一节的内容告诉大家，不要再说"那这可能是心身的问题了"，而要说"太棒了，我的身体还是健康的"。

不要只关心检查结果，而要去倾听自己的感觉

我的一个患者和保罗·奥斯特有相似的经历。阿卜杜拉是医学系的学生，头几个学期每周都有好几门课要考试，包括化学、物理、解剖学等，解剖学还要考尸体解剖。经过一年半的学习之后，他开始出现失眠、心跳快和烦躁不安的问题。他来找我，想要我给他进行诊断。尤其是心悸的问题最让他担心，毕竟在医学院会学习很多跟心脏疾病有关的内容。他去看了心脏科的医生，做了检查没有发现什么问题，于是就转到我这里来了。我问他："你觉得你为什么会心跳快？"他从心脏瓣膜缺损说到心肌炎，把所有学过的和心脏病有关的知识通通说了一遍。"不，我指的不是这些，"我说道，"我指的是那些正常的、普遍的原因。"听我说完之后，他沉默了许久。

这件事情给阿卜杜拉留下了很深刻的印象，因为他意识到学医之后，他完全被一个由症状和疾病构成的世界给束缚住了。后来，我们又进行了几次谈话，共同寻找他心跳快的原因。最后我们发现，他之所以心跳快，是因为他每天都要面对很多新的挑战，而为此心脏要向身体输送足够的氧气。那时的他很兴奋，不知道每天会发生什么。在进行短暂的治疗之后，他才在情感上理解了这种新的状态。相反，他的身体早就做出相应的反应了。

他认识到这一点之后，就开始对自己每天的生活进行规划，有意识地积极地去面对学业中的挑战。同时他也意识到，努力学习之余他也需要放松和休息，而不是一直去做这样那样的心脏检查。

我并不认为所有的躯体不适和疾病都要从精神层面去找原因。但是当躯体出现问题时，有必要去看看身体和心理对目前的生活状态和所面临的挑战有何反应。这样你就能更好地对自己进行调节，更好地去适应和面对新的挑战。

和时间相处

我能想象你们在使用时间上都给自己设定了一些什么原则：少浪费时间，尽量有效地利用时间。同时你肯定也希望能有空闲的时间，例如可以有时间去度假。

来找我看病的患者常常都希望能够尽快恢复健康。但是我更想知道，他们想利用痊愈之后的时间去做什么。

现在很多人都是从一个约会赶到另一个约会，一件事做完赶忙做下一件事，所有的任务都按时完成，而且还经常有多的时间。但是，匆忙完成所有任务之后多出来的时间你想要用来干什么呢？哲学家塞涅卡在《论生命之短暂》一书中写到，人们总是感叹人生短暂，出生之后甚至都来不及好好去适应生活，就快速走向死亡。塞涅卡认为，为了舒服和方便，人们会倾向于去浪费自己宝贵的时间。他很想知道人们对自己的物质财富明明会很小心地去守护，但为什么对光阴却如此挥霍，就好像时间多得用不完一样。

塞涅卡的书虽然写于两千多年以前，但我认为他所观察到的事情至今仍然很有现实意义。每当我问我的患者，他们最烦心的事情是什么，很多人总是犹豫不决，不愿意说。50分钟的心理治疗时间他们就没有很好地加以利用。50分钟完了之后，他们又很着急，觉得有想跟我谈的事情还没来得及说。我每次都得解释为什么必须遵守这些事先约定好的治疗流程。患者经常都会因为时间跟我发生争论，然而我们只能下一次治疗时再来解决这个问题了。如果我作为治疗师，每次都把我们的谈话时间延长，这样虽然可以让我看似很友好，但其实对他们并没有好处，只会让他们更加没有时间观念。

你想如何利用你一生的时间，又想如果度过你生命中的每一天呢？

我觉得每个人都需要一个手表，用指针清楚地告诉自己，过去的时间已无法挽回，而今天还剩下多少时间可以去完成自己的计划。

但同时还有一点也非常重要，那就是不要在时间上太过于吹毛求疵。一方面我们的生命在不断地流逝，我们必须要服从时间系统。另一方面在一些很重大的问题上，我们必须从时钟的时间上脱离出来。我们潜意识中的很多经历和思维模式是不遵循时间的规律的，它们不会按照时间的顺序出现。重复性强迫症就是一个很好的例子。重复性强迫症其实是因为我们还是根据童年时形成的心理模式去行事，就好像时间没有流逝一样。

在长期的心理治疗过程中，我发现很多患者都是在不带有什么目的性地跟我交谈时，才能找回自己。现在心理治疗有变得越来越短、越来越程式化的趋势，我对这样做的合理性和效果表示非常怀疑。也有研究表明，短期治疗的效果保持的时间也比较短。

如果为了节省时间而节省时间，可能会让我们忽略了真正重要的是什么。

摆脱心身陷阱
第29篇：什么才是真正重要的

你们肯定也知道那种被吸进去的感觉。被吸进去就是说，被绑在某一个体系里，和某个目标绑定，或者和其他人的目标交织在一起。有时候你可能根本就不知道你应该先去做什么了，是应该先回没耐心的领导的邮件，先检查孩子们的作业还是应该先去完成另一半提出的特殊要求？当你有很多事情要做的时候，躯体也会做出反应，发出信号，比如心跳会加快，会感到不安和紧绷。很多人都会说："要按照重要的程度确定优先顺序。"那么你应该先做哪些事情呢？哪些事情可以等一下再做呢？

其实是可以通过练习去抵抗这种吸力的。首先你可以从思想层面开始。拿一张白纸（不要拿手机）和一支笔，把那些看起来重要的事情写下来，也就是列一个待办事项清单。通过用纸和笔写下来，你可以抽离出来，好好地审视一下这些事。有哪些事情是对你来说真正重要的呢？设想一下当你生命将至之时，回忆这一年或者这一天，会觉得哪些事是最重要的呢？是和心爱的人或者孩子待在一起？是成为一个有价值的人？是能够为自己取得的成就感到自豪？是朋友带来的安全感还是自我独立、不依赖别人的那种感觉？在一张空白的纸上写下来。

写下你内心真正觉得重要的、真心想要追求的东西。如果你脑海里总是浮现那些现在手头要做的事，那么就写在纸的背面，并且写完立刻翻回来。在接下来的几个小时中，记得时不时地看一下自己写的纸条，记得一定要先看真正重要的那一面。然后注意观察自己的进展，是否离目标又近了一步。

每扇窗户背后

德国著名演员、歌手约瑟芬·布什（Josephin Busch）在《板式建筑》这首歌里唱道："每扇窗户背后的人生，都有自己的烦恼和难题。在大城市的倒影背后，是破碎的梦想和愿景。每扇窗户背后的人生，都和我的人生没有什么不同。墙壁围起来的小宇宙，全部生活都在其中。"

她这首歌所唱的内容其实是团体治疗中很重要的一点：其他人也有跟我一样的烦恼。每扇窗户背后都有一片自己的小宇宙。无论我们相隔多远，但是我们的遭遇都是类似的。

这让我想到我做心身治疗的团体。刚开始大家都很陌生，也会经常怀疑别人是不是真的能理解自己，因为他们每个人都有很独特的经历和感受。但是他们越是打开自己的内心，就越是发现，大家所有人其实都是很相似的。每个人都犯过错误、受过伤害，但是每个人也都有梦想和希望。完全不同的人，哪怕是来自不同文化的人，内心也会有相同的矛盾，生活中也面临着相同的挑战。

心理治疗师、畅销书作家欧文·亚隆（Irvin Yalom）在他的团体治疗经典著作中将这一发现称为"痛苦的普遍性"。他在书中写到：一个人的一切所做所想，对其他人来说都不会是完全陌生的。哪怕是乱伦、酷刑、入室盗窃、挪用公款、谋杀、自杀等黑暗的事情，其他人也不可能完全没有想过。

有些人或许会觉得这种说法很可怕，也可能会有很多人不同意这种说法。但其实正是因为人人心中都有阴暗的一面，所以我们大可不必为此感到不安，没有人会因为某个人的思想、感觉或者嗜好与众不同就对他趋之若鹜。一个人指责什么事情，其实是投射出他自己内心也有这一面。我们所有人都是一样的，都在同一条船上。

利用休息的机会

你还记得上次觉得自己没用是什么时候吗？是不是有什么事情不知道或者不理解？那种感觉很不舒服吗？如果确实感觉不舒服，那是为什么呢？

当你没有办法像你周围的人所期待的那样去完成某件事的时候，我能想象那种感觉肯定很不好。

越来越快

现在大家生活的节奏越来越快。不仅市场和消费要不断增长，而且生了病也必须越来越快地好起来。10到15年前，人们感冒了都还会在床上休息几天，阑尾手术之后还要在医院住上几天才会出院。我们爷爷奶奶辈的每个人都知道，生病之后要好好休息，让别人来照顾自己，才能好起来。

虽然这些我们全都知道，但是我们还是把生活的速度调得越来越快。我们对自己的要求越来越高，消费也越来越高。我们在按照市场的原则生活。就连医药和健康领域也越来越多地受到市场原则的影响。就连心理治疗也要变得短而高效，就好像花更少的钱、更少的时间就可以获得更多的健康一样。这当然是行不通的。我们都知道行不通，却仍然这样做。新冠疫情有没有可能改变这一现象呢？我觉得不太可能。全面的封锁虽然给生活造成了很大的困难，但是在家隔离似乎也有好的一面，可以让大家节奏慢下来，获得很好的休息。但是事实证明，无论是从经济上来说，还是心理上来看，长时间的封城都是不可承受的，这也再一次加剧了社会的失衡。

减速

我认为，感冒之后能够有一段时间什么都不用做，喝完热茶躺在堆满鼻涕纸的床上睡一觉，是很重要的，也很治愈的。无论是抑郁症、感染还是胃炎，身体出现任何不舒服其实都是在提醒我们，我们必须做出改变，以新的面貌去对待生活了。哲学家阿里阿德涅·冯·席拉赫（Ariadne von Schirach）在我对她做的一次采访中说得非常贴切，她说："疾病不是一场可以快速摆脱的袭击，而是人的另一种存在状态，它要求人用新的视角去看待生活。"在这个一切都追求快速、高效的时代，我们要如何去利用和面对自己的这种不同状态呢？

就躺平一次吧，允许自己没有目标，允许自己什么都不用做。这可能会对疾病的治疗非常有好处，因为这样可以使心里压抑的情感及其躯体表现得到彻底的释放。恐惧、羞耻、伤害、生气和愤怒不用急于被"修复"，而是先要去搞清楚这些情绪为何会产生。接受自己的痛苦，这个过程可能会需要一些时间。在这一点上，心理是很固执的，它才不关心外界所追求的快速和高效。所以我完全支持生病的时候"躺平"。

当患者出现严重的症状，紧张不安地来找我，却发现我并不像他们那么着急的时候，经常都会感到很奇怪。他们甚至会很生气，让我为那些他们因为生病而无法完成的事情负责。

但是只有通过表面上的什么都不干，通过给自己一段空白，才能让自己有空儿去进行思考和调整。患者会开始反思自己为什么会这么着急，这么没耐心，以及为什么会持续感到他人带来的压力。他们会认识到，自己太过于听从别人，而忽略了自己。或者他们会意识到自己对周围亲人的关注太少了。这样，在"躺平"的过程中人就会更加关注到自己内心的想法，而不是只看到外界对他的期望，从而形成一种新的、健康的平衡。因此我认为心理治疗也不应该带有任何的目的性，治疗的结果应该是开放的。心理治疗不是按照手册中的"标准程序"进行的。就像一场旅行，尽管有危险，尽管会劳累，但还是要允许自己追随自己的内心，接受其他的文化。

不过在有些情况下，只有尽快回归正常生活、回到工作中去，病情才能稳定。躺平不是一个任何情况都适用的解决方案。但是它却是一个常常被忽略的、人的基本需求。

摆脱心身陷阱
第30篇：自我隔离vs与人接触

这里还有几点来自心身医学和哲学交叉领域的建议，可能会对你的日常生活有所启发：

1. 每天花五分钟的时间，静静地坐下来，观察一下自己的想法。练习让自己所有的想法和感受自由发展，不要对其进行评价。就像观察天空中飘过的云一样观察它们。不带有任何目的地去倾听自己内心的想法和身体的反应，是怎样一种感受？

2. 你是否对事情的发展都有固定的设想？你是否会经

常把一个人的行为同另一个人更好的行为进行比较？根据我的经验，期待和比较必定导致不满。我的那些很痛苦的患者总是会跟别人进行比较，并且总是对他人有过高的期待。他们在治疗开始时，往往意识不到自己完全看不到自己的期待以外的事情。如果你把心打开，去迎接生活中自然发生的事情，会怎么样呢？

3. 对那些看似无法给你带来任何好处的人要尤其地好，比如孩子、老人或者陌生人，尤其是那些对你有依赖性的人。在日常生活的小事中去对别人好，尊重别人，其实是对自己很有好处的，因为这种好的行为会增加我们的自我价值感。

可以看到，我们的情感、思维和自我形象都有一部分是在与人交往的过程中产生的。接下来第四部分会讲到，心身医学在对心理和心身疾病进行治疗时如何处理关系的问题。

第 4 部分
良好的关系是最好的解药:
心身科医生如何帮助患者

哪些情况下心身医生能够有所帮助

　　这个问题很难找到一个答案。当你听到"你这都是心身的问题"或者"你什么事都没有"，那你还该不该去看医生呢？

　　一个在别人眼里"很健康"的人，怎么会去看医生呢？如你所见，不是每个医生都精通心身医学。所以，你最好是自己决定，什么时候需要去寻求医生的帮助。因为痛苦的心身状态不像躯体的疾病，很多时候外界很难注意到，只有你自己才知道。

　　躯体疾病多数都有典型的症状，大部分医生都接受过良好的训练，可以准确地进行判断。相反，心身疾病要安静得多，经常没有什么明显的外在表现，但却造成极大的内心痛苦。在家庭医生、专科医生以及急诊医生接收的患者中，主诉不明确且不能简单归类为器质性疾病的患者占至少25%。所以说这种情况其实并不少见，只不过很多患者和医生都不愿意提到这个问题。

　　如果你感到疼痛或不适，并且你的家庭医生或者专科医生无法解决你的问题，那么你应该到心身科去做检查。如果你一次又一次地对你的医生感到不满，每次都找不到病因让你感到非常沮丧，那么你也应该去心身科看看。如果你患有身体疾病，但是却对此感到无法接受，也不知如何面对疾病带来的后果，甚至感到很绝望，那么也应该去求助心身科医生。又或者你在工作或生活中人际关系方面总是有困难，感到筋疲力尽，也可以去看心身科。因为在人际关系的问题中也可能是某种心理机制在作祟，通过心身治疗以及心理治疗的手段可以很好地得到解决。

从那些长期受到心身疾病困扰的患者身上，我看到由心理原因导致的不适常常会从一个器官转移到另一个器官。因为患者没有积极地去应对身体出现的问题，所以随着时间的推移，大脑和人体就习惯了疾病的模式，并且被困在其中，无法逃脱。这就会导致失业、提前退休（2018年退休的人中43%是因为患有心理疾病而无法继续工作），生活受到严重限制，乃至导致其他的疾病。在德国，因为心理和心身问题请病假的人数正在快速增长，并且这些疾病平均持续的时间都比躯体疾病要长。心灵的修复需要时间，一点也急不得。

因为我们的社会还不会像重视身体疾病一样重视心身疾病（而且这种情况可能在可预见的未来也不会有所好转），所以大家一定要自己对自己负责。当你有无法解释的或者尴尬的不适，请一定要去找一个有经验的心身医生看一下。哪怕别人说你这就是点小病小痛而已，是你太敏感了，也不要听他们的，还是要找医生好好看一下。

扩展：心理治疗之间大有不同

下面你会详细了解到三种心理治疗形式，以及它们之间有何不同。这三种治疗方法都是经过科学研究证实有效的，并且在德国都在医保报销的范围之内。

心理动力学疗法：从精神分析发展出来的一类治疗方法。核心特征是：研究潜意识的心理模式，关注人际关系，提高自我认识。包括深度心理学疗法和分析心理学疗法。包括短期和长期治疗、个人和团体治疗。

行为疗法：基于学习理论和经典条件反射的一系列治疗方法，并且也越来越多地关注人际关系和背景经历。典型的手段是通过练习，改变行为方式和思维模式。主要是短期的个人或团体治疗。

系统疗法：不久前刚刚纳入医保。关注心理疾病的社会因素，例如家庭系统等。目标是理解和改善患者与家人之间的交流方式。

心理治疗的效果

心理治疗是以心身为导向的疾病治疗中一个基本的组成部分。也就是说，当躯体和心理共同受到某种疾病的侵袭时，就会采用心理治疗的方法。现在很多地方总是说心理动力学疗法是以精神分析为基础的，已经过时了；也有人说心理治疗耗时太久，费用太高。

这其实是一个很大的误解。我希望能通过接下来几页的内容让大家对心理治疗有一个更清楚的认识。科学研究的结果和大众的认识完全相反：心理治疗总的来说是一种很高效的治疗方式，它的效应值在0.73到0.85之间。效应值高于0.8就算高效，0.5是中等水平，0.2代表低效。研究结果显示，目前市面上抗抑郁药物的效应值在0.24到0.31之间，和心理治疗完全不在一个数量级，大家可以参考比较一下。

行为疗法和心理动力学疗法的有效性没有显著性差异。美国精神分析学家乔纳森·谢德勒（Jonathan Shedler）对认为精神分析疗法不如其他治疗方法的错误认识进行了仔细的研究。他在一篇文章里对所有关于精神分析疗法的随机对照实验进行了总结，发现其效应值都在0.78到1.46之间。而且，和基于学习心理学的治疗形式相比，精神分析疗法的治疗效果保持的时间更长，并且在疗程结束后症状仍然会有持续的改善。

我刚开始从事心身医学领域的工作时，也曾认为精神分析已经过时了。积累了几年的经验之后，我才慢慢理解了精神分析复杂的作用机制。在培训的过程中，我自己也以患者的身份体验了整个治疗过程。正是在患者的身份中，我才意识到我自己身上的盲点以及以前没有认识到的一些情绪模式。当时学到的东西一直到今天都对我有很大的帮助，时刻提醒我对待患者不要带有任何偏见，防止做出错误的诊断和解释。

在我工作了近十年的柏林AOK心理疾病研究所，20世纪60年代就开始研究精神分析疗法的有效性。当时的所长安妮玛丽·杜尔森（Annemarie Dührssen）致力于让每一个有需要的人都可以接受到心理治疗。她和同事共同发现，在接受日常的精神分析治疗后，1000名患者的住院天数有明显的减少。1965年杜尔森和她的同事爱德华·约斯维克（Eduard Jorswieck）发现，治疗结束5年后效果依然存在。因为这种治疗方法成本低、效果好，所以保险公司也对此很感兴趣。也正是因为这些研究成果，两年后分析心理疗法就被纳入了德国医保，也成为了首个医保可以报销的心理治疗手段。

对于弗洛伊德的攻击也就自然而然不攻自破了。弗洛伊德的思想也得到了广泛的补充和扩展，现代心理学中的自我心理学、自体心理学、依恋和客体关系理论以及最近的主体间精神分析都是在弗洛伊德的基础上发展出来的。精神分析学说的很多基本假设都在神经科学的研究中得到了证实。

我还想问你们一个问题，你们觉得什么样的治疗结果算是成功的？大部分人都认为症状应该要减轻治疗才算是取得了成功，毕竟很多人都是因为症状让他们不舒服才去看医生的。在我看来，每个人的人生都会经历困难的阶段，完全摆脱恐惧是不可能的。因此，我认为除了那些可以检测到的治疗结果之外，心理动力疗法还应该要让患者能够对自己、对他人有一个更深刻的认识。因为这样他们就能够更好地处理人际关系，也可以更好地处理自己的情绪。所以说，治疗达到的，远远不止减轻症状这么简单。很多患者在治疗之后，都觉得自己得到了认真的对待，这才是更重要的。

找到合适的治疗师

在德国，不同的心身医学门诊可能以不同的概念和模式为导向，在寻找病因的时候采取的方法也会有所不同。想要寻求心身医学帮助的人，必须要清楚，心理作为心身疾病形成过程中最重要的一个因素，是无法通过超声波或者X光去进行扫描的。在心理治疗中，诊断的工具就是医生和治疗师本身，治疗师通过患者的描述，以及自己对患者直接的感受，去描绘一个患者内心世界可能的图像。

因此，心理治疗中的任何一个诊断、任何一种模型或理论，都只是接近真相的一种尝试。精神分析等方法就是在接近真相的过程中所使用的工具。

那么，心身医学中不同的治疗路径对于你的疾病会有一样的疗效吗？去心身科医院或者去心身医生的诊所，都差不多吗？

答案是否定的。想要知道哪种做法对你更有帮助，最重要的是要搞清楚是什么原因引起了你的疾病。另外，患者和医生或治疗师是否合得来也很重要。当我们碰到某个人的时候，体内会发生很多潜意识的反应。有些人之间很合拍，有些人之间则不投缘。

研究表明，心理治疗要获得成功，患者和治疗师之间必须形成一个强大的工作联盟，制定现实的、具体的目标，并共同为之努力。患者和治疗师之间的关系甚至比治疗手段本身更加重要。

另外有些人会对某些特定的治疗方法有所偏好。这一方面是取决于患者的性格与脾气，另一方面也取决于他现在所处的人生阶段、他的家庭和工作情况，以及他的经济能力。比如我们在心理动力学疗法中会涉及无意识的冲动，有些人并不愿意去讨论这些内容。还有些人不喜欢系统疗法，因为系统疗法需要完成一整套的步骤和内容。虽然系统疗法也许是最适合用来治疗他们疾病的，但是如果他们本身不喜欢这种疗法，那么经过治疗之后他们对自己的世界观也不会有更深的认识。

所以说，有很多不同的选择其实是一件好事。但是患者必须要出发去寻找，才有可能找到最适合自己的治疗师和治疗方法。

摆脱心身陷阱
第31篇：适合的才是最好的

我的很多患者都是因为有心身疾病所以才来找我，并且都希望能立刻开始进行心理治疗。他们很多时候都没有真正问过自己，到我的医院来看病是否舒服，和我相处是否愉快。当我提到这一点的时候，他们总是说，这个无所谓的，反正你是专家，你提出的方案肯定是有效的。但是这其实是一个误区。

研究表明，心身治疗的成败完全取决于治疗师和患者之间是否合拍。合拍的意思是说，治疗师和患者之间要能建立一种稳定可靠的合作关系，就算碰到问题也不至于崩溃。我建议，不要用传统的思维模式去分析一个治疗师是否合适，而要听从自己的感觉。我能感到这名医生或治疗师很理解我吗？在他面前，我感到安全吗？我是否可以信任他，可以向他敞开自己的内心？

当然，医生的专业能力也是一个必要的前提，他应该具备下列资质中的至少一个：心身医学和心理治疗专科医生，精神科和心理治疗专科医生，上述领域的进修医生，心理学毕业的心理治疗师，经过培训的心理治疗师或者医学背景的心理治疗师。

第4部分 | 良好的关系是最好的解药：心身科医生如何帮助患者

心身医学的几块基石

那么，心身医学和心理治疗领域的医生是如何治疗疾病的呢？回答这个问题之前，我还是想强调一次，在人类的很多疾病中，心理都扮演着极其重要的角色。所以几乎所有的疾病都可以从心身的角度去进行治疗，或者从心身的角度对传统的治疗手段去进行补充。在有些疾病中，心身治疗是占主要地位的，例如进食障碍、恐惧症和躯体形式障碍等。在另一些疾病中，心身治疗起到的作用比较小，例如胳膊骨折、过敏或者感染。

在心身医学治疗中，医生要能够走进患者的内心，这是至关重要的。于是核心的问题就是，如何让患者打开心门。有心身问题的人会倾向于去否认自己的某种情绪，所以医生在交谈时要格外小心。

就实践技能而言，我们心身科的医生进行心理治疗的水平都非常出色。前面已经说过了，我为什么觉得这项技能非常重要。但是心理治疗是建立在对躯体进行医学检查的基础之上的，所以它只能说是在传统治疗方法的基础上增加了一些新的可能性。心身医学在我的脑海里就像一个装满乐高的盒子一样，根据患者的情况和要求不同需要从中取出不同的积木。

摆脱心身陷阱
第32篇：警惕污名化

污名化是指，当一个人因为某些外在的特征而被归为某个群体，并被赋予负面的称呼。例如一个人因为"总是去看医生，但实际上什么事也没有"就被归为"疯子"。其他人会认为他的病都是自己臆想出来的。通常，这个人就算在其他方面很好、能力很强，也无法摆脱"疯子"的标签。

到心身医院或诊所寻求帮助的患者一定都经历过污名化，而且这些污名化的过程有时很微妙。雇主、朋友和熟人通常不会像对待身体疾病那样认真对待心身疾病，尤其是心梗等疾病之后发生的持续的心身反应时常不会被人接受。我们可能会听到别人说："那个同事怎么还不来上班呀？他只是假装还没好，想多休一点病假吧！"

心理治疗虽然被科学证明非常有效，但是在日常生活中还是有很多人认为它没有用，认为去做心理治疗的人都是性格软弱的人，一听说有人去做心理治疗就用弗洛伊德的玩笑一笑而过。日常的报刊中也很少提到心身疾病的概念，有心身问题的人总是被描绘成极端敏感和脆弱的形象。

那么面对这种情况，我们应该怎么做呢？如果你患有心身疾病，那么一定不要被别人的这些言论束缚住，哪怕知道别人会这么说，你还是应该去看医生，还是应该去寻求帮助。每一个亲身经历过的人，都知道心身疾病有多痛苦，你不可能一直假装它不存在。真正对战胜疾病有帮助的做法，首先是要正视它。你不能因为害怕被人污蔑，就不去看医生。你必须要学会如何去面对别人的蔑视和诋毁，这也是战胜疾病的道路上不可避免的一部分。

我建议你在向别人坦白自己的病情时三思而后行，想清楚这个人是否真的值得信任，但凡有一点怀疑就先不要说。心身治疗的第一步就是要表达自己的感受，多关爱自己，这需要很大的勇气。其他人应该要尊重你的勇气和努力才对，但是我们的社会现在还差得很远。

第一块基石：身体医学

心身治疗的第一步永远是要先进行身体检查，这通常需要和其他科室共同商讨合作。在这个过程中，你的身体就是医生研究的对象。医生通过化验、CT和超声波检查，判断器官是否出现病变。

但是这些数据只是整个病情中很小的一部分，而且也是很特殊的一部分。检查结果固然重要，但是它们也只能告诉我们一部分的信息。有了这些结果，就可以通过药物、手术、运动和调整生活方式等现代医学的手段去改变疾病的生理过程。但是还有很大的隐藏的领域是这些现代医学手段无法触及的。因此心身医学中还有另外三块基石，对身体医学进行补充。

第二块基石：认同

心身专家格奥尔格·格罗代克（Georg Groddeck）和维克多·冯·魏茨泽克（Viktor von Weizsäcker）是第一批将主观概念引入医学中的。医学中的主观性是指，要重视患者对自身疾病及健康状况的主观思考、感受和看法，并且要在治疗过程中考虑到患者个人的感受。

在我们心身医生眼中，人的躯体是人的一个方面，它是自我身份的表达，包括一个人所有的怪癖和特质。

一个活的人体不只是一堆正常工作的器官，它还能通过姿势、表情和维度告诉我们很多关于它主人的秘密。从身体的表征上我们可以看出一个人最近过得怎么样，在忙些什么事。在心身医学中，身体不仅仅是检查的对象，它也有自己的生命。每个患者都有不同的人生经历，会对周围的世界做出相应的反应，他也有很多潜意识的需求和幻想，会从他的言语和肢体语言中表现出来。一个人的自我认同就来源于他的经历，而一个人的自我认同又会赋予他所经历的每件事情以意义，所以每个人在讲述自己的经历时，都是完全从自己个人的角度出发去讲的。我碰到过很多病人，他们对自己为什么会生病，都有自己的一套理论。

患者对自己经历的讲述在心身医学中是非常重要的。它经常是一把钥匙，可以帮助我们更好地了解患者，也可以帮助他找到属于自己的解决办法，去应对生活中的挑战、失败和消极情绪。

第三块基石：医患关系

想要从心身的角度去治疗患者的疾病，那么医生和患者之间的关系也非常关键。

我们每个人的内心都充满着和各种人的关系，同事、朋友、邻居、面包店的老板娘等。总是会发生一些事情会引发我们的思考，或者让我们感到不解。

人的经历其实很大一部分就是人和人之间关系的经历。人和人之间发生的事情被有意识地或者无意识地储存下来，构成了人的经历，也造就了人的性格。这些事情中有一部分我们根本无法用言语去描述，因为在出生的头一两年我们还不会说话。但那时发生的事情还是会在我们的身上留下痕迹，储存在身体记忆中，通过肢体形态、恐惧或者躯体症状表现出来。有些人也会无意识地重复以前的场景。尤其是创伤经历，会在人的性格上打上深深的烙印。

患者早期的关系体验也会影响到他和医生之间的关系，因为他对医生强烈的依赖性会激活以前的反应模式。对我来说，我和患者的关系是一个很重要的工具，从他和我的关系中往往可以看出他以前经历过哪些伤害。

第四块基石：文化

第四块基石就是我们成长的社会环境和文化对我们造成的影响。现在的德国，和20世纪80年代医疗和食品行业快速增长的德国，和现在阿拉伯国家都有很大的不同。

不同的文化、不同的时代，对待病人的方式有很大的不同。同一种疾病在不同的社会中也会有不同的处理方法（例如有的地方认为生病了应该静养，有的地方认为生病了需要照顾）。我们中欧文化普遍认为医学是很强大的，我们人只需要被动地接受治疗，医学手段会帮助我们尽快恢复正常。在我们的文化中，社会就好像一张网，会托起久病的人，并且也会保证久病的人能够参与到社会生活当中，不至于与社会脱节。这会给人安全感，但是也可能导致有些人为了保证自己能够得到照顾，就一直生病，不愿意好。或者相反的情况下也可能会导致患者产生羞愧和自责的心理，因为他必须要依赖社会的帮助才能生活。

心身治疗

你可能是被家庭医生转到了心身科，也有可能是自己找到了心身医生那里。心身及心理治疗的医生虽然有坚实的医学基础，也知道如何利用药物治疗心理疾病，但还是更为侧重心理疗法。在心身科，你可以进行个人或者团体治疗、短期或长期治疗。这些疗法对于心身疾病，以及有心理因素参与的躯体疾病都有很好的疗效。除了我们心身及心理治疗科之外，心理学背景的心理治疗师也是很好的选择。

治疗开始时，患者首先要对自己的情况进行详细的描述。我们医生应该留出足够的时间去听患者说，不要让他觉得时间很紧张、很有压力，这一点很重要。我知道很多其他科室的医生没有这么多时间，相比之下，病人在我们这儿就好像是享有特权。我们每次给病人的时间通常是30到50分钟。有些其他科室的同事把病人转到我这儿来的时候，我都很惊讶他在这么短的时间内就能检查出什么。不过没办法，（目前）医疗体系的状况就是这样。

心身医学的目标是，使用生物科学以外的方法，从躯体和心理的角度揭示疾病的过程，并且进行治疗。在实际的治疗过程中，第一步往往是要能够将内心的痛苦表达出来，包括创伤、矛盾或者人际关系的问题等。因为心理为了使我们稳定下来，会进行防御，所以心灵的伤口常常很好地隐藏在坚实的外表之下。但是在心身治疗中，我们会给患者提供一个安全的环境，帮助他去找出自己的这一部分。除了和患者进行交谈之外，我们有时候还会让他画画，或者借助音乐、运动等手段，帮助他打开自己。因为我们说的话，都会经过心理的审查，所以有时候我们无法通过言语来表达自己内心的痛苦。我们还会使用团体疗法、运动疗法、艺术疗法、作业疗法、园艺疗法、音乐疗法、物理疗法、自助小组、放松训练等很多其他的方法。

扩展：一个好的治疗师应具备怎样的特点

一个好的治疗师会在自己和患者之间建起桥梁，他会接受每一个患者本来的样子。他会表现出好奇心，并且不会关闭任何一扇心门。

1. 一个好的治疗师不会利用患者满足自己的需求，例如他不会致力于从患者身上获取认可和亲密感。
2. 一个好的治疗师不会羞于打开自己的内心，只要是对患者的治疗有好处的，他都会愿意说。
3. 一个好的治疗师会清楚地告诉患者他所使用的治疗方法是什么，并且会回答患者就治疗过程所提出的一切问题。
4. 一个好的治疗师会清楚地告诉患者，他无法直接治愈患者的疾病。他能做的，是为患者提供各种工具，供患者自己去使用。
5. 一个好的治疗师会将大的治疗步骤拆解成很多小的步骤，一步一步实现患者的期望。
6. 一个好的治疗师能给人以希望，能让患者以积极的心态去面对疾病，并且鼓励真诚坦率。

7. 就像理发师一样，顾客要求怎么剪就应该怎么剪，治疗师也应该是患者希望怎么做就怎么做，尽力完成患者交给的任务。

心身医生的治疗过程

在临床上不是一碰到不明原因的症状就要套上"心身问题"的帽子。心身疾病也有明确的判断标准，根据这些标准可以对心身疾病进行诊断或排除。在各个不同的科室都有不少医生很熟悉心身医学，他们在对患者进行检查之后会及时把他转到心身相应的科室，并且为进一步的诊断做好准备。接下来我会介绍，我在接收新患者之后会怎么做。

第一次谈话

第一次见面的时候，我需要知道患者有哪些不适，想要解决什么问题，他自己认为他的问题可能来源于哪里，以及他目前为止尝试过哪些方法。另外我还需要知道他觉得不舒服有多长时间了，以前是否患过任何躯体或心理疾病，是否吸食成瘾药物，以什么为生以及家庭情况如何。我还会问他在生活中喜欢做些什么，什么事情可以带给他快乐。

了解这些基本情况之后，就可以判断这个病人是不是应该在我们心身科进行治疗。如果是，那么我们会再约三到四次的谈话，以便更加详细地了解他的健康状况。我会去看一下目前已经做过的身体检查是否得出有用的结果，或者是否还需要补充做一些检查。

然后我就会开始考察社会和心理维度，并且会非常重视患者主观的感受和看法。这一点是和其他科室很不一样的。我们每个人都会有自己既定的心理和思维模式，每个人的经历都会使他形成与众不同的特点。没有人是在一个完全中性的环境中长大的，他总会有一些特别的经历。重点是要从这些经历中找出对他造成困扰的事情，找到症结所在。

生平经历

重点是要找出患者的疾病防御体系崩溃的触发点是什么。通常是因为患者的生活中发生某个积极的，或消极的变化，所以才引发了问题。所以我想知道患者的生活中都经历过一些什么事情，搞清楚他眼中的世界是什么样子，并且由此去推测他会如何看待诱发他疾病的某个事件。这些事情有时候是很让人意想不到的，很有意思，也可能是一些很正常的小事。比如工作中的小竞争，经不住诱惑想要犯罪，或者即将到来的婚礼。一直以来的妥协积压在心里，也可能在触碰到某个点之后突然爆发出来。

角色转变

作为心身医生，一方面我要和患者保持距离，这样我才能对他的心理状态、动作和表情进行观察，另一方面我又要尽可能地走近他，设身处地地去体会他的感受，我必须在这两种角色之间进行切换。尤其是一些对人有深远影响的早期经历，是无法用言语描述的，只能通过躯体器官的功能和面部表情去分析。

在进行心身诊断时，有一点非常重要，就是不要强行把某种解释套用到患者的身上。因此，做诊断的不是我一个人，而是我需要和患者一起去思考，他的经历、内心状态和需要解决的问题之间有什么关系。

关系焦点

在诊断的过程中,就应该把关注点放在患者和我的关系上。就像骨科医院会重点关注脊柱,而皮肤科医生会重点关注皮肤,心身医生的重点就在于人际关系。

"人际关系是指人和人之间的互动,语言和非语言的交流。这些东西构成了人体一种特殊的'器官'。心身医学正是要研究人的这种'器官'。"这句话出自一本著名的心身医学教科书,它生动地说明了我们所做的工作,和其他常见的科室相比,有多么不寻常。我们研究患者的躯体和心理,但我们主要研究的是患者与他周围人的关系,其中也包括他和医生,也就是和我之间的关系。只有从人际关系着手,我们才会发现患者内心有哪些主要的矛盾,他具有怎样的能力,又经历过怎样的创伤,有哪些缺陷。这样我们才能找出是什么打破了他的平衡,破坏了他的健康状态。

诊断的目标是找出具体的病因。但是能不能找出病因,取决于患者是否愿意以及是否能够与我合作。我也需要确认清楚,我是否真的能够帮助到他(例如患者需要进行的某种治疗,是否是我所擅长的)。有些人在疾病的状态下态度会比较消极,不愿意跟人交流。我作为医生,必须具备和这些人相处的能力,我必须要能够在我们之间搭建起桥梁,使我们之间的关系变得更好。

错误的记忆

现在大家已经知道,记忆不像我们以为的那么可靠,随着时间它会发生一定的扭曲和偏差。甚至一些从来没有发生过的事情也可能会出现在某个人的记忆当中。这样看来,去考察一个人对自己经历过的事情的记忆似乎没什么意义，因为你还是无法知道，事情真正的经过是什么样子。

总之对于心理治疗来说，记忆本身并没有那么重要。当然，记忆是患者心理的一种构造。但是我并不是刑侦警察，我并不需要搞清楚真正发生了什么。让患者讲述自己的经历其实严格来说只是我达到目的的一种手段。我想和患者一同去弄清楚，他是戴着怎样的眼镜在看待这个世界。我们会去看有意识和无意识的回忆在他身上留下了怎样的印记，构成怎样的一幅图画，进而去理解他会怎样处理他所接收到的信息，他会赋予自己的种种经历以怎样的意义。所有这一切都是为了去改变他现在和未来的生活。如果相信回忆和现实是一对一对应的，那就太天真了。回忆的结构其实很复杂，会受到心理状态和当前动机的影响。如果患者对某件事情的记忆十分具体，而且一想到这件事情就感到压迫，那么治疗师就有理由将这件事同身体的问题直接联系起来。和梦境一样，记忆中也会混杂许多当前的经历，并且对过去发生的事情也可能发生混淆和误判。在心理治疗中，我们既不能仅仅依赖记忆的幻象，也不应该因为无法证明真伪就对患者记忆中的事件和意象不管不顾。想要了解一个人的经历，就必须要听他自己的回忆，但又不能完全相信他的回忆。

在诊断阶段，我们就需要让患者去理解他目前所处的状况，让他对自己有更清楚的认知，发现自己克服问题的能力（也许有很多方面以前都被埋没了，他自己都不知道），采取预防措施，阻止问题进一步恶化，带来更多的不良后果，让他重新找到自己生活的意义。患者在进行治疗时（无论是什么形式的治疗），在日常生活中一定要获得情感上的支持。关键的几点是：建立社交网络，找到一个可以安静待着的安全的地点，向他人寻求支持，学会关爱自己，坚决避开一切伤害自己的人和事。

心身诊断的过程很需要耐心，患者必须要愿意去试着理解自己的问题。如果你还是只觉得症状很烦人，希望它能快点消失，那么你永远都走不出来。这里还有一个陷阱，就是有些人会把心理到躯体这条通路视为一个死胡同，认为心理的问题一旦转移到躯体上就回不去了。但是我们不应该一直把关注点放在症状上，这样只会让我们产生恐惧，消磨我们的耐心。我们更应该从情感上去理解自己，理解自己经历过的事以及目前遇到的困境，只有这样才能真正解决问题。人必须要往前走，才能走出目前的困境，这一点很多人都没有认识到。

心身医院的治疗过程

当我在与患者的第一次谈话中谈到可以在心身急诊或者康复医院进行住院治疗时，经常听到他们说："不，我可不想住院！"对此我非常能理解。一提到医院很多人都会害怕，害怕对自己的生活失去控制，害怕陌生的人和环境，害怕要做手术切除器官或者害怕与自己爱的人分开。这些恐惧很多都来源于童年时期的经历。患者有时也会害怕，住院之后医生在治疗过程中会违背自己的意愿。那些医院里的都是"疯子"，一旦住院就永远也洗不掉"精神病"的标签了。

其实完全没这么可怕。心身住院部虽然通常都隶属于有多个部门的大医院，但是根据我的经验，这里比其他科室的病房布置得更温馨、更舒适，医护人员也更友好，更懂得尊重患者。

我的患者在医院做完治疗之后，对医院的印象都会发生很大的转变。不仅对医院的看法会发生转变，他们对自己的感觉也会发生很大的变化。住院时，他们通常能够在其他病友和医护人员身上获得一种安全感，感到自己被保护了起来，于是他们心中的恐惧会大大减少。

我在心身科当住院医生的几年里，经常看到新来的病人充满了恐惧，身体十分僵硬，而且很难用言语去描述自己的症状和痛苦。通过陶土、绘画和舞蹈等创造性的治疗方法，一段时间之后他们就会觉得与自己的联系更紧密了，能更好地与自己和解了。他们体内正在发生着一些积极的变化。

如果患者无法用语言对自己的问题进行描述，并且这些问题对他造成极大的恐惧，那么就应该考虑住院治疗。住院可以为患者提供保护，让他有安全感，从而保证治疗的顺利进行。他在家里总是会感到压力，加重病情，但是医院是一个安全的地方，在医院进行治疗就不会受到干扰。如果躯体上有很多的并发症，在医院还容易和其他部门合作，同时进行治疗。另外也有一些疾病，只有住院才能得到良好的治疗，例如厌食症和肥胖。在医院可以直接对厌食和暴食的行为进行治疗。在进食互助小组还可能跟其他病友一起改变厌食或暴食的习惯。

当然也有人反对住院。我个人认为，首先要搞清楚症状背后的问题是什么。如果有严重的进食障碍，那么一周去看一到两次医生是完全不够的。厌食症是很危险的，应该要有针对性地快速治疗。肥胖也可能会导致糖尿病、心梗和中风，这些都有可能会缩短一个人的寿命。

如果患者已经接受了治疗，并且在住院几个星期之后进食行为已经有所好转，只需要巩固一下，那么不住院也可以。但是为了建立长期健康的进食习惯，后续还是需要到心理治疗门诊进行复查。

摆脱心身陷阱
第33篇：创造性的活动以及语言在心理治疗中的作用

  刚开始接触心身治疗方法的人经常会说："啊，只是说话嘛，我在面包店也会跟人说话！"或者"在医院里大家就是鼓捣手工，或者用薰衣草泡脚。"我其实很理解大家为什么会这么说。虽然已经有很多科学研究证实了它们的效果，但是现在大家还是对谈话、做手工、泡脚等治疗方法感到很陌生，也很怀疑。

  不过它们的确是有效的。这些都是"多模式疗法"的内容。换句话说，就是很多单独的方法结合使用，以达到最好的治疗效果。艺术疗法对于患者的身心健康都有积极的影响。所有与创造力有关的治疗方法，都有助于患者对自身相互矛盾的感受的感知。因为人并不喜欢有矛盾的感觉，所以这些感受通常都被驱逐到无意识层面了。创造性疗法还可以让患者的创伤记忆浮出水面，让患者可以对创伤记忆进行加工和处理。患者还可以在护理人员的指导下进行足浴、涂药以及其他的仪式。这些关爱自己的行为有助于弥补患者内心来自童年的缺失。患者会学会让这些过程去治愈自己。身体和心理的修复需要时间。想要走出困境，就得一步一步慢慢来。

心理治疗的奥秘

接下来我会向大家介绍，心理治疗的过程是怎样的，它如何产生效果，以及在接受心理治疗之前需要考虑什么。

谈话治疗到底有没有用一直都是饱受怀疑的，毕竟我们跟好朋友、跟同事也会进行交谈，但是病情并不会因此好转。但是心理治疗和简单的谈话是完全不同的，在这一章我会向大家解释为什么不同。

那么我们就直奔主题，开始讲"治疗过程"。我想先邀请大家跟我一起来建一个火星殖民地。

> **扩展：怎样在24小时之内培养一名心理治疗师**
>
> 请跟随我一起想象这样一个场景：世界马上要毁灭了。拯救人类最后的机会是让十个人乘坐一艘宇宙飞船去往火星。火箭两天之后就要发射了，我的任务是从10个人当中选出一个人，在24小时之内将他培训成心理治疗师，以便他去到火星之后可以为那里的人提供心理咨询。在火星的人口增长之后，他也可以再培养更多的心理治疗师。

于是我约了我的学生，进行24个小时密集的学习。这是一个艰巨的任务，但也不是不可能。就好比我们在野外，只能用大自然中的东西，要快速搭建一个木屋。我会给他很多空间，让他能够自由地发挥，但是我也会让他知道，我永远在他身后支持他。我们一边捡树枝、树叶和石头，一边讨论我们的目标，也就是我们要盖的小屋子。它是什么样子的？我们会用它来干什么？出现什么危险时，这间屋子可以保护我们不受伤害？当我的学生向我敞开心扉，告诉我他的愿望时，我就会试着戴上他的眼镜，透过他的视角去看世界，去体会他的感受。屋子盖好了，我们会享受实现目标的感觉，也知道只有合作才能成功。如果在合作的过程中有小的不如意，让我们的感情出现了裂缝，那么我们就尽力去缝合它。

你可能要问了，心理治疗师速成培训为什么是这样的呢？很简单，因为我的学生在这个过程中会知道心理治疗中最重要的因素是什么。研究表明，心理治疗要达到疗效，最重要的就是患者和治疗师之间的"同盟关系"，并且在治疗的初期"同盟关系"尤为重要。同盟关系和治疗的结果是有直接联系的。脑科学研究也证实了这一点。从神经生物学的角度来看，好的同盟关系可以起到和大脑中的依恋激素相同的作用。当两个人联合起来，并且互相信任，大脑就会释放依恋激素——催产素，而催产素有抗抑郁的效果。

对于治疗师来说，最重要的是共情的能力，他必须要能体会患者的感受。双方的目标必须一致。

在我们的速成课程当中，我和学生决心要建一座小木屋，这就让我们有了积极的期待。正是这种积极的期待起了作用。

现在，经过速成培训的学生去到火星之后，可以在孤独的夜晚再去慢慢了解精神分析和行为疗法的具体细节。心理治疗中的这些具体操作也是经证实有效的，但其实它们的效果比人们一直以为的要小得多。

我们既然要探讨心理治疗的奥秘，就绕不开一个重要的问题，那就是人和人之间的相互影响究竟可以有多强大。

医生就是治病的手段

精神分析学家米歇尔·巴林特（Michael Balint）1957年说："最常用的药就是医生自己。"这位已故的匈牙利医生一生致力于在日常的医生工作中引入心理治疗。

人情味

不久前，我带着我六岁的女儿去看急诊，因为她把自己弄伤了，有点严重，而且疼得很厉害。这样看一次医生自然会遇到不少的医护人员。她紧张地蜷缩在检查床上。先来了一位女医生，把她的绷带拆掉了，因为要检查伤口的情况。她看到了我女儿的纹身贴（我印象中是一个船锚和爱心的图案），然后说道："噢，多酷呀！"当麻醉师进来，向我跟我女儿解释美容觉（麻醉）的过程时，他话说到一半突然停下来，说："你三天前刚过完生日呀！生日快乐！"后来，急诊的护士在给我女儿做手术的准备工作时，说："你知道吗，我弟弟也跟你一样受伤了。不过他现在全都好啦。"

现在过了一段时间之后，我女儿再说起那次看病的经历，记忆里全都是医院的人多么好。他们也确实很好。他们说的每一句话都是在告诉我女儿：虽然你受伤了，但是你还是一个完整的人。虽然你的身体暂时出现了一点问题，但是一点也不影响你是一个怎样的人。

虽然手术之后，伤口还需要进行护理，但是所有这些话对我女儿来说都是治病的良药。它们可以治愈人受伤的内心。

症状是一种秘密的请求

米歇尔·巴林特口中的"医生即药"是指医生可以对患者产生很强的疗效。这位精神科医生的一个重要观点是,起决定性作用的不仅仅是药片(或者其他的医学手段),而是医生本人开这个药的方式。

我女儿的经历是一个正面的例子,但是和医护人员相处的过程也可能会不愉快。如果医生在给她包扎治疗的时候一直一言不发会怎么样呢?如果是这样的话,我女儿的注意力可能会全都在身体的疼痛上了。

很多时候,病人的问题都没有具体的解决办法,不像我女儿的问题可以通过做手术去解决。如果患者心慌、出汗、眩晕而又找不出身体上的原因,但是医生却开了药,比如说降低心率或者降血压的药。这时候可能就真的麻烦了。

巴林特认为,心理原因导致的症状其实是一种秘密的请求。患者因为不知道自己的症状在潜意识当中意味着什么,所以他只能绝望而无助地带着这种秘密的请求去看医生。就像小孩子求助大人的时候,总是希望大人能看到他的痛苦,可以安慰一下他。如果医生贸然使用药物,止住了疼痛,或者掩盖了症状,那么患者只会更加关注在躯体上。医生的行为其实是间接地在说:我知道你是怎么回事,解决办法就是吃药。这样,我们就会离背后真正的原因越来越远。而且患者自己本来是可以为找出病因做贡献的,医生也没有给他这个机会。这样一来,患者面对危机的自信心也会受到影响。

我知道,这听起来可能有点奇怪,但是我认为我们必须承认:在医患对话中,患者除了会有意识地去和医生交流自己的症状,有意识地对医生和他的治疗手段有所期待之外,还会有很多无意识的因素,例如他可能潜意识中还希望得到医生的安抚。

反思

如果你有很难受的症状,看了很多次医生都没有好转,那么你也许应该换个角度去思考一下这个问题了。你对医生的期望是什么?它可能实现吗?你是否总是觉得自己不被理解,总是被拒绝,处处受到约束?

正是因为我们对医生有如此之强的依赖性,所以在和医生相处时,我们经常会做出和小时候跟父母相处时一样的反应,有那时一样的感觉。所以我们也许可以想一想,我们和医生之间的相处模式以及医生的各种反应是不是我们从小熟悉和习惯的。

医生其实也是这样做的。四十多年来,米歇尔·巴林特创办的巴林特小组一直致力于对医生进行培训。在小组中,医生会介绍自己手头棘手的病例,大家会一起讨论,帮助医生和患者之间建立更好的关系,一方面帮助患者减轻他们内心的痛苦,另一方面也保护医生不至于被工作的压力所压垮。尤其是对于那些从事"身体医学"的医生来说,对自己和患者的关系进行反思对治疗效果有很积极的影响。

摆脱心身陷阱
第34篇:抗抑郁药物

当我碰到抑郁症的患者,他们不能上班,只能请假在家待着,我其他科室的同事经常会问我"为什么不给那个病人开抗抑郁药呢?"每当被问到这个问题,我都得深吸一口气。语言是很狡猾的,抗抑郁药这个名称就把很多人骗得团团转。

抑郁症+抗抑郁药=健康=可以工作？这个算式是一个很大的陷阱。虽然中毒了可以用解药去解毒，恐怖分子可以用反恐部队去打击，但是抑郁症的原因极其复杂，不是简单地用抗抑郁药物就可以治好的。越来越多的研究表明，抗抑郁药物之所以有效果，很大程度上是因为人们对它的效果有积极的期待，也就是所谓的"安慰剂效应"。但同时，患者也必须忍受药物所带来的副作用，因为抗抑郁药物确实会影响大脑的物质分泌。虽然抗抑郁药物可以减轻某些症状，但是它其实不是一种有针对性的治疗手段。在大部分抑郁症的治疗过程中，更重要的是去找出抑郁症背后的心理模式是什么。也就是说，要搞清楚患者思维、感觉和行为形成了怎样的习惯，是否对现在的生活造成了困扰，并且是否能从中找到诱发他抑郁症的原因。

当我的同事问我为什么不给患者使用抗抑郁药物时，我会跟他们解释，我是希望去弄清楚疾病的生理、心理和社会原因，找出抑郁的心理动力（也就是抑郁症背后的心理动机和行为模式）。这样做可能不会很快看到效果，但是效果持续的时间却比较长。同时还可以配合运动。运动也可以提高大脑血清素和去甲肾上腺素的水平，达到和药物相当的抗抑郁效果。

从一些同事的反应中可以看出，医患关系在疾病治疗中的作用目前在医学界还是没有受到足够的重视。

行动起来

远征

到我们心身和心理治疗所来看病的人，不管他是第一次、第二次还是第三次来，他们来了就意味着他们在主动采取行动。他们心里想要走出去的那股力量很强大，就好像计划着一场远征，迫不及待地要起床出发。这不仅仅是一个医学的问题，还涉及到哲学和人性。

心理治疗和其他的医学手段不同，你不可能简单地尝试一下，看它是否有效。如果你只是抱着试试看的心态，那么它一定会没有效果。所以说问题并不是你要不要接受心理治疗，而是你会不会全身心地投入其中。

考察团出去远征的时候，队员们应该要感到很安全。当然他们需要有发现新事物的勇气，但是他们不用担心会孤单，因为在这场发现自己的旅途中，治疗师会一路陪伴、支持，并且他们还随身携带着各种工具。治疗师需要获得患者完全的信任，他不能遮遮掩掩、躲躲藏藏。很多患者都表示，如果治疗师为人很真实、真诚，那么他们一开始就会觉得很有安全感。

在治疗的过程中，治疗师一方面要在心理上将一些旧的思维模式打破，一方面也会在生活中提供很多具体的支持。

前提条件

只有双方都是自愿的，心理治疗才可能会取得成功。双方必须都有很明确的意愿，并且都要相信治疗是有意义的，是会有效果的。从我的经验来看，如果患者是因为妻子担心，因为领导、法院或者就业中心的要求来接受心理治疗,那么通常效果不会太好。虽然他们每次也会在我这儿坐50分钟,有时候甚至也和我聊得很好,但是他们的内心很难发生改变,无法影响到大脑突触,因此也不会产生持续的效果。

治疗师需要对病情的发展和治疗的效果有个大概的估计。患者一定要去和治疗师进行沟通,了解哪些事情有助于病情的好转,哪些事情不利于身体的康复。这中间有很多需要注意的事情,而且要具体情况具体分析。

我想通过一个钱的例子来说明这一点。如果你负债累累,或者是百万富翁,那么你的治疗前景都不会太乐观。如果你债务深重,那么你可能没有能力去做出任何改变。如果你有一百万,那么你可能压根就没有动力去走上新的道路,也没有必要去努力和坚持。

因此在进行治疗之前,治疗师就需要对患者改变的意愿、改变的能力以及痛苦的程度进行评估。

摆脱心身陷阱
第35篇:心理治疗的局限性

心理治疗的效果常常被低估,但也常常被高估。根据患者的病情,找到合适的治疗手段,这个过程是很复杂的。心理治疗不是万能的。在有些情况下,药物和社会精神病学的治疗手段可能会更合适。在进行心身治疗之前,首先要把躯体上能找到原因的问题解决掉。我们作为心理治疗师千万不要觉得自己无所不能,我们需要经常反思,在哪些方面我们可以真的起到作用,帮助到患者;在哪些方面我们确实无能为力。

目标

"您已到达目的地附近，就在您的左手边。"这个句子我们经常在导航里听到。但是只有当你在导航里输入了准确的目的地名称，它才会提醒你。心理治疗也是一样的道理。因此一定要好好地想一想，你进行心理治疗的目标是什么。目标不需要在治疗开始之前就确定下来，但是你必须要准备好和治疗师一同去制定这些目标。因为确定好目标就已经是前进了一大步。

我的患者莫妮卡在我开始对她进行治疗时说："我想摆脱心慌的感觉，希望不用再为心脏的状况感到担心，不用老是去看心脏科医生。"我非常能理解她，但是这个愿望有一个问题，那就是没有人知道它怎样才能实现。于是我和她一起从中提炼出了两个目标："我想搞清楚，是什么让我心跳这么快"以及"因为我的心脏没有器质性的问题，所以当我感到害怕担心时要学会安抚自己，这样我从一月份开始每个月就只需要去看两次医生了"。

在治疗师的帮助下，你会对引起症状的心理原因有更多的了解，这样你就可以做出更健康、更成熟的决定和行为。这时候，症状往往就是多余的了，它会慢慢减弱，甚至消失。莫妮卡后来不需要频繁地去看医生了，这就可以说明她自我安抚的能力变强了，也不会对自己的心脏有那么多的担心了。

好的目标应该是切实可行的，要有一定的时间限制，并且不会受到他人的影响。它必须要是很具体的，方便事后判断目标是否达到了。"我要多做运动"就不如"下个月开始我每星期去打一次篮球"。

目标的表述应该是积极的，就像是描述一个你心驰神往的地方。目标的表述中不应该出现否定词。如果你说"我不想再害怕被排斥，也不想再为此生气了"，那么你的大脑会联想到排挤、恐惧和愤怒。大脑一直想着什么，就会更多地感受到什么。这样你就相当于自己给自己增加阻碍了。比较好的说法是："我会练习让自己更开心、更满意，每天做两件事，更好地融入集体。"当你制定了积极的目标，你就已经离它近了一步。你可以尽可能地去想象，如果你已经实现了目标，会是怎么样的感觉。

还有一点：在制定目标的时候，不要写那些你死了之后就会自动实现的那些事情，比如可以一个人静静，不会有人打扰，不会再有压力，不再抽烟。你知道我是什么意思……

躺在沙发上

心理治疗有固定的框架，它在患者的生活中起到的作用也像是把存在的问题给"框"起来。

在本书的第一部分我已经讲到，心理疾病的背后往往要么是创伤，要么是反复出现的心理模式、矛盾，或者是自我的发育不完全。要着手解决这些问题，就需要有具体的范围，需要有个切入点。否则的话就只能浮于表面，达不到效果。也就是说，我需要从一整幅图画中节选出一小部分。

这个框出来的范围在心理治疗中是很重要的，我们治疗师就是守卫这个框架的人。这个框架包括我们固定的见面时间（比如一周一次），还包括我们的治疗室、见面的时长（通常是50分钟）、计划的见面次数，以及患者在哪里、是坐着还是躺着。在基于深度心理学的心理治疗中，医生和患者通常是面对面坐在沙发上。在分析性心理治疗中，患者可以躺着，也可以坐着。顺便提一下，关于精神分析中病人躺在沙发上有很多的传闻，但其实并没有那么神奇。沙发的作用是，防止治疗师和患者之间发生眼神接触。一旦有眼神接触他们就会被拉回到当下现实的情景中。治疗师希望患者能够将自己所有想到的东西都不加修饰地描述出来，这是分析性心理治疗的基本步骤。躺着可以让身体放松，肌肉和骨骼系统不至于太过紧张，内心的紧绷感无法通过躯体的紧张释放出来，那么就会更多地通过语言表达出来。

我们弄这个框架完全是出于治疗的需要。医生和患者之间还可以就很多事情进行约定，让这个框架更加稳固。其中还包括医生和患者之间没有私人友谊，医生在治疗之外不对患者负责，等等。

简而言之：要去理解，而不是去行动。这是心理动力学疗法中非常重要的一条规则。

副作用

任何有效的方法都有副作用。

治疗起作用之后，可能会改变你目前的关系状态以及你的生活习惯，有时甚至有可能会（暂时）让情况变得更复杂。如果通过治疗，躯体的症状有所好转，问题可能就会更多地转移回心理层面，这时候就有可能引起你跟他人发生争吵和冲突，这是因为你开始去面对和解决你生活中那些悬而未决的问题了。你现在可能会把更多的注意力放在对你真正重要的事情上。你身边的人不一定会喜欢你的转变，因为人都是习惯的动物，他们可能习惯了你以前的样子。

在做出重大的、会改变人生的决定之前，最好是和治疗师讨论一下。

另外一个副作用是，创作的灵感可能会减少。人内心的很多想象和灵感,都是来源于现实生活中无法解决的矛盾和无法满足的愿望。当你通过治疗,对自己潜意识中的心理动机有了更多的了解,创作的冲动就有可能会减少。

通过治疗,以前封印在潜意识里的经历、思想和情感就会进入你的意识。这个过程会令你感到不安,如果你有喝酒或者吸食其他成瘾物质的习惯,那么你在治疗初期也许会需要喝更多的酒,虽然你可能并不想喝,但是你需要以此来安抚自己的情绪。如果有这些情况一定要告诉你的治疗师,在对治疗进行规划时要将这些因素一并考虑进去。

治疗过程就像一支舞蹈

从前面一节可以看到,好的规划已经是成功的一半。我工作的地方是一个大型的心理治疗所。当我穿梭在楼道间,所有的门都紧闭着,每扇门上都挂着"治疗中,请勿打扰"的牌子,那种感觉很奇妙。那里静悄悄的,但同时你又能感觉到每扇门背后都有很多故事发生。每扇门背后都有一个患者,坐在或者躺在沙发上,正在谈论着对他的人生无比重要的事。我有时候不禁会问自己,这19扇门背后,会不会有一个人正处于人生关键的转折点,走出这扇门,他就会迎来更健康的人生。门口挂着"勿打扰"的牌子意味着房间里面是一个受保护的区域。除了少数的例外,也许一年有个一次——不,是真的从来不会有人闯进去。我是想告诉大家,治疗室对于我们和患者来说都是一个很神圣的地方,它就像一个庇护所一样。

现在,我想向你敞开这扇神秘的大门,带你们看看心理治疗室里面是怎么样的,以及我为什么会把治疗室称为"舞厅"。请别忘了,根据患者和治疗任务的不同,治疗的过程有成千上百种可能。我这里描述的是最典型的、最理想的情况。在此之前先简要地介绍一点理论知识。

扩展：心理动力学疗法简介

1. 心理动力学的基本观点

孩子生来就有各种需求，表现为各种情绪（兴趣、好奇、欲望、恐惧、愤怒、恐慌和游戏的本能），或者躯体的需求和冲动，例如进食的需求。

心理发展的主要任务就是学习如何满足自己的这些需求。因为不同的需求之间经常会发生冲突，例如好奇心可能会驱使你去做某件事，恐惧又驱使你不要去做，所以必须要学会妥协，或者找到替代方案，例如通过想象满足自己的好奇心。

因为我们有意识的工作记忆容量非常有限（在我们有目的性的行为中，大约只有5%是有意识的），所以很多行为都是无意识的，大脑会根据以前的情感经历自动地处理掉。以前的处理方法可能现在已经不适用了，但是因为我们没有意识到，所以也就不会做出改变。

2. 心理动力学疗法的具体做法

我们认为患者的情绪是很重要的。情绪代表着被压抑的、没有得到满足的需求。心身疾病就是需求没有成功地得到满足的表现。

治疗的重点是，帮助患者更好地了解自己内心的需求，并且找到有效的、可以接受的方式去满足这些需求。

必须让患者意识到他内心深处高度自动化的无意识的心理模式，并且对它们进行调整，使他们更适应患者当前的生活状况。

心理动力学疗法的原理是这样的：找出压迫着患者的，而他自己没有意识到的情感，也就是症状所代表的东西。识别患者的

> 哪些心理模式出了问题，并且小心地告诉他。最后患者可以自己去对它做出改变。这个过程可能会需要一些时间，因为患者的内心可能会有所抗拒，不愿意把没有解决的问题放到意识当中进行思考。因此经常需要对旧的心理模式和新的心理模式进行非常仔细的分析和学习。

即兴发挥

想要改变导致患者疾病的心理模式，首先要让这些心理模式显现出来。因此在治疗的第一阶段就需要即兴发挥，让患者自由地即兴舞蹈。

也许你也听到过正在接受心理治疗的人说这样的话："治疗的时候我就讲讲这一周都发生了什么，没别的了。"这种表述是很典型的。很多人对治疗的第一阶段的印象都是这样的，因为这时候患者的任务就是汇报他觉得重要的事情。很多患者这一阶段的时候都会觉得没有什么效果，因为他们总认为这太简单了，想要解决问题、恢复健康肯定不是这么容易就能达到的。

我会尽可能地去让患者感到放松。我希望从患者对自己日常的讲述中，发现某种重复出现的心理模式的踪迹。这种心理模式是患者自己没有意识到的，也恰恰是这种心理模式把一些患者无法忍受的情感抵御在外，不让它们进入患者的意识当中。想要找出这些心理模式，就需要花时间，让患者能够静静地思考，自由地讲述，而我们作为治疗师则需要不带任何目的性地去倾听，多在不同的方向进行尝试。我承认，对于要支付费用的保险公司来说，这听起来太可怕了。完全是浪费时间，浪费大家医保的钱！我可以凭良心说，不是这样的！我们这样做是有道理的，每一次的治疗背后都有完整的计划。

关系三角

想要找到患者潜意识中的心理模式，以及引起疾病的情绪原因，我们需要在关系中舞蹈，因为心身疾病往往都是人际关系中的问题。很多时候我们都可以通过患者和他人的关系，找到疾病的问题所在。根据患者的讲述，我们会考察他的三种关系：一、童年早期的关系。是否经历过父母的冷漠和暴力，是否和兄弟姐妹之间存在不良的竞争，父母及周围照顾的人是否过于溺爱等；二、目前生活中的关系。包括强势的伴侣、不好的邻居、没有安全感的领导等；三、治疗中的关系，即和治疗的医生之间的关系。这三方面就构成一个三角形，治疗师需要从这三方面去对患者进行洞察和调解。

我会关心患者在每一段关系中的体验和感受，以及在每段关系中，有没有什么情绪被潜意识的防御机制抵挡在意识之外，也就是说，在关系中是否缺少什么东西。我会将患者以前和现在的经历结合起来看，和患者共同去讨论它们之间有什么关系，因为我知道单纯地研究过去对未来是没有什么帮助的。

在患者和医生之间会产生"移情"和"反移情"。移情是指患者会根据自己以前的经历去对现在发生的事情做出判断（我们的大脑就像一个预言机一样），对待医生会无意识地带有偏见。而如果医生对待患者也做出类似的反应，则称作反移情。从移情中，可以很好地看出，我们平常生活中经常发生的模式是怎么样的。随着治疗次数的增加，双方互相之间越来越信任之后，也可以把移情的情况拿出来讨论。

节奏和信任

我的一个患者沃尔夫冈，年纪已经比较大了。他是因为患有心慌、失眠以及严重的抑郁来找我进行治疗的。在累计二十多个小时的治疗之后，他突然从外套口袋拿出他最喜欢的餐馆的名片，递到我面前。那是勃兰登堡的一间古老的林间餐厅。"库格尔施塔特教授，您帮了我很大的忙，"他对我说，"我想请您吃饭。"我太开心了，这种时候就是我职业生涯中最美好的时刻。并不是因为我真的要跟他一起去吃饭，而是因为我和他的世界发生了联系，我走进他的愿望和需求了。最后我并没有满心欢喜地接受他的邀请，去跟他一起吃炖鹿肉，他很不开心，觉得我是不懂得感恩的年轻人。这就有意思了。

从现实的事件中领悟到患者内心的情感世界，就好像是舞蹈时重心从一只脚换到另一只脚，这就是心理治疗这支舞的节奏。哪怕会有争吵，我们还是想继续跳下去。只有当有问题的心理模式被激活、显现出来了，才有可能做出改变和调整。沃尔夫冈和我正走在正确的道路上，治疗的前景一片大好。

在下一次的治疗中，沃尔夫冈对我说，他很熟悉这种被拒绝的感觉。每次遭到拒绝，他就会觉得自己不值得任何人为他做任何事情。于是我问他都在什么情况下遭受过拒绝。他说他从几年前就一直想给他儿子买房子，这样他就不用住在那个"小破屋子"里了，但是他儿子总觉得他什么都不懂。"我说不跟你去吃炖鹿肉的时候，你也是这种感觉吗？"我问他。然后我第一次看到他哭了。这是一个好的征兆，因为在此之前他一直都觉得自己的身体没有什么活力。

随着接下来的治疗，沃尔夫冈越来越意识到他疾病背后的心理因素可能是什么了：他父亲非常强势、暴躁，他在他父亲面前总是觉得自己很弱小无力。他实在承受不了这种感觉，所以他开始无意识地把自己也放到权力的角色里面，想要去决定别人的事情（比如他的孩子应该要住在什么样的房子里，应该要吃什么样的食物）。但是他其实根本不希望自己像他父亲那样，所以他只能把自己这种控制的倾向隐藏起来，隐藏在关心和慷慨的表象之下，觉得好像是别人不懂得珍惜他的好。

当他儿子决定不跟他来往之后，他就生病了，而且他完全没有意识到这两件事情之间的联系。他换了一个又一个的医生，不停地做各种检查，但是都查不出任何器质性的问题。

被保护和照顾的感觉

治疗师和患者一起做任何事情，成功的基础都是患者必须要感觉到被保护。孩子从小时候就有这样的需求，需要被抱在怀里，被悉心地照料，被陪伴，被理解。儿科医生、精神分析学家约翰·鲍比（John Bowlby）在他1950年提出的依恋理论中就对此进行过描述。他后来还倡导引进了"亲子同室"的概念，即孩子住院时，他的妈妈（或者其他照看人）应该跟他住在同一个病房。现在我们已经非常清楚，孩子在这种情况下是非常希望父母在身边的。他需要有人能感受到他的情绪状态，并且安慰他，照顾他。

类似的，在心理治疗的过程中，治疗师也应该成为患者的一个依靠。只有有了这种安全感，他才能对自己痛苦的、不好的关系经历进行反思，同时做出积极的改变。所以这个过程不仅仅是聊天、谈论问题这么简单。当遇到困难时，安全的关系就是治愈心灵最好的良药。

每一次治疗都是根据患者量身定制的，它也会随着患者和医生关系的变化而发展。所有的医患相处都是一次性的，不可能重来。不是每个患者的问题都像沃尔夫冈那样，是由内心无意识的矛盾所引起的。我在本书的第一部分已经提到过，自我功能的失衡、躯体的疾病或者创伤的经历都有可能是引起心身疾病的原因。根据问题的不同，治疗的过程也会相应地发生变化。

团体治疗的好处

每次我一提到团体疗法，我的患者经常都会说："别，我可不想去做团体治疗！"团体治疗的名声不太好，这完全是不应该的。至少从治疗效果的角度来说，团体疗法还是很有优势的。

我也做过不少的团体心理动力学治疗，我非常相信它的疗效，而且也有很多研究已经证明了这一点。但是为什么患者都这么不喜欢做团体治疗呢？因为在团体治疗中，要面对五六个甚至七八个其他的患者，就会在短时间内发生大量的移情，而且治疗的环境也不像一对一治疗那样私密和安全。这可能既是大家不喜欢团体治疗的原因，也是团体治疗的优点所在。在团体治疗中，患者可以快速走出舒适区。治疗师也会注意环境的安全性以及人员之间的保密协定。所有参加团体治疗的患者都要遵守保密规定，而且患者也不需要毫无保留地在团体中将自己负面经历说出来。很多人在刚开始的时候都对此有所担心，但其实是没有必要的。

大家团结在一起，每个人都成为团队一分子的那种感觉，对于很多患者来说都是很宝贵的经验。而且他们会学会为他人着想，进入到陪伴他人、支持他人的角色中。体验、模仿其他人处理危机和人生难题的方式，也是团体治疗中一个很重要的因素。团体作为一个小的社交群体，可以给患者提供练习的机会，让他们可以去尝试新的行为方式，又不用担心会对他们的真实生活造成任何不利的影响。他们会从其他的成员身上得到反馈，这是只有团体治疗才能实现的。

我的一个患者米尔娅，三十岁左右，为了让她参加我每周的团体治疗费了很大的劲。她是个工作狂，总是害怕浪费了一点时间。她很难接受自己每个星期要抽出100分钟的时间参加团体治疗，没办法工作。

米尔娅有肌肉疼痛、背部疼痛，很严重的身体无力，另外在她刚开始进行治疗时，还有抑郁的问题。她人很好，很可靠。在我们的初步谈话中，我了解到她在一家超市工作，她的领导对她百般剥削折磨。领导叫她做什么事情，她不敢说不，也不敢直接走掉，就好像她命中注定要忍受这一切。从她人生的经历中可以看出，她一直都习惯于忍耐，不做抵抗。据米尔娅说，小时候她父亲就很专横跋扈，总是在她该做作业的时间让她在小卖部帮忙。她母亲又总是偏头痛，所以她没有别的办法，只能服从父亲的安排。

她不喜欢团体，因为在团体里面她会陷入和小时候一样的境地。她总是在让别人满意，忍受别人的抱怨，却无暇顾及自己的问题和需求。

但是治疗小组中的人都很重视她这个新来的成员，大家相互之间也会仔细观察，相互审视。没过多久就有人发现："你总是把自己当作受害者！"他们告诉米尔娅其实她这种忍耐、服从的态度有时候也会让人很烦，这是米尔娅从未想过的。后来她开始慢慢理解，也经历了一段难过的时期，在其他成员的帮助下，她终于可以勇敢地站出来，维护自己的利益了。"以前或小时候对的做法现在可能是错的。"一名患者说得很在点子上。渐渐地，米尔娅越来越有力量，她换掉了工作，学会照顾自己的需求。她开始认识到，自己已经成年了，不再是一个弱小无力的小女孩，现在她有能力坚持自己的利益了。不仅米尔娅做出了积极的改变,整个团体的其他人也都受益颇多。

团体分析治疗师福克斯(Foulkes)把团体中这种特殊的交际网络称为"矩阵",各个成员就是这个复杂体系中的节点,就像神经网络中的神经元。福克斯说,一个团体不只是所有成员的总和。根据他的理论,心理疾病就是因为人际网络发生了故障。团体分析疗法就是通过治疗团体这个替代性的网络,去解决患者真实生活中人际网络的问题。节点进行调整和修改之后就可以重新联结到真实生活的网络当中去了。

扩展:从脑科学的角度看心理治疗的效果

在前面讲到医患同盟关系的时候,我已经提到神经生物学家格哈德·罗特(Gerhard Roth)发现,在治疗的第一阶段,依恋激素催产素的分泌决定了治疗的效果,患者和医生之间关系的好坏直接影响到症状的减轻或者加重。接受心理治疗之后,患者的情况可以较快得到好转是因为刺激了依恋系统,就像婴儿出生之后和母亲之间建立依恋关系的过程一样。

但是当患者接受了较长时间的心理治疗,情况持续好转的时候,大脑里面会发生什么变化呢?这方面的研究还比较少。也许是大脑的不同区域新产生的神经细胞起了作用。(在第一阶段)刺激依恋关系之后分泌的催产素可以促进神经细胞的新生,而抑郁症患者神经细胞的新生会受阻。催产素还会增加血清素的释放(和许多抗抑郁的药物一样),这也会促进海马体中神经细胞的更新,同样达到抗抑郁的效果。

从神经生物学的角度来说,下面这些治疗措施对大脑尤为重要：对长期记忆进行更好地分类和整理；（通过良好的人际关系和积极的自我体验）激活未被利用的大脑资源；加强依恋、自主（自己做决定，不依赖他人）和自我认同（我是谁？），创造新的大脑资源。

从神经科学的角度来说，严重的心理疾病一定需要长期的治疗才会达到效果。因为不良的感受、思维和行为模式已经深深地"埋进"了基底神经节和杏仁核深处。

在结束这一章的内容之前，我还要回答一下，为什么说心理治疗像一场舞蹈。我们在治疗中有特定的节奏，但是一样的节奏也可以跳出不同的风格，就像跳舞一样。我们需要镜子，否则的话我们就不知道自己在跳些什么了。我们也需要彼此，需要对方去感受我们内心深处的感受，去发现我们内心隐藏的心理模式，就像舞伴之间也要彼此感受、彼此适应一样。心理治疗是一件很庄重的事情，就好像一座古老的、装有华丽吊灯的舞厅。心理治疗不仅有趣，还可以让你有很多新的发现。它是一种很人性化的治疗手段，因为它不是去压抑病理性的东西，而是帮助生病的人去成长，成为新的自己。

行动清单：心身疾病，怎么做？

起点：你感到自己心理或者心身有问题。

初步措施：向家庭医生（全科医生）、心身医生（心身医学及心理治疗专科医生）、精神科医生或者任何一个有心理治疗或者心身基本护理资质的其他科医生介绍自己的情况，让他们进行诊断。

过渡措施：阅读自助书籍（例如你现在手上的这本）或者患者指南（可以在这里找到：www.awmf.org/leitlinien/patienteninformation.html）。

根据检查结果进行治疗（和主治医生共同商讨）：转到专门的医生或者专门的医院，开病假证明，用药，进行康复治疗，在门诊或住院进行心理治疗，作业疗法，物理疗法，酒精或毒品戒断，等等。

如需进行心理治疗：收集做过的检查结果，向多名心理治疗师预约挂号，让熟悉的医生给你推荐治疗师，联系保险公司，让医保医师协会帮忙预约（他们可以帮你挂到四周以内的号）。

因为心理治疗的资源很稀缺，所以你一定要积极主动，对自己的健康负责！

总结和呼吁

我们所有人都会跌倒

　　昨天我和我儿子一起去了公园，他玩着荡秋千，我来回走着，陷入了沉思。

　　突然我儿子开始大叫，把我拉回了现实。我立马跑到秋千那儿去，看到他躺在地上。他吓得不行，不停地抽泣，喊着："我的脑袋！"那个声音对我来说真是钻心刺骨。我把他抱了起来。但是究竟发生什么了呢？

　　另外一个父亲朝我们这边走过来，边走边朝我点头，好像在说没那么严重。这让我稍稍平静了一些。我因为当时正看着天空想事情，所以根本就没注意到发生了什么。

　　我儿子扶着他的后脑勺，但是后脑勺看起来也没什么事。我问他有没有哪里受伤了，还是只是吓到了。

　　大脑里面出血和杏仁核发出恐惧警报，究竟有什么区别呢？我儿子到底是撞破了头还是只是压力激素过量了？

　　恐惧也会在心理上留下疤痕，就像受伤之后皮肤上会留下疤痕一样，疤痕的地方痊愈之后也可能会再次撕裂。当然我可以排除我儿子真的受了很严重的伤，如果是那样的话我肯定立即就把他送去医院了。如果只是吓到了，那么他在那一刻需要的就只是我，需要我的关心。

"我想回家了，我头很不舒服。"我六岁的儿子小声地跟我说。当我把他抱在怀里，我突然意识到，在我们的文化里，大家有多么地重视躯体。大家关心的是躯体是否受到了损伤，而不是有生命的、充满情感的人。心身医学家魏斯（Weiss）和英力士（English）1943年就提出，医学不是应该少关注一点躯体层面，而是应该多关注一点心理层面。这就意味着，我们仍然需要和以前一样多的资源去照顾躯体层面，但同时要额外地照顾到患者的"心理"层面。

现在虽然已经有了心身医学和心理治疗，但还是太少，只能应付最紧急的情况。其实可以说每种疾病都是心身疾病，只不过有时候需要更多地在躯体层面进行治疗，有时候则是在心理层面。想要我们的整个医学体系颠倒过来，在任何情况下都将心理层面考虑进去，可能还需要很长的时间。在此之前我的建议是：

我们先救心理。

我给我儿子泡了一杯热茶。他获得足够的照顾之后，眼泪也干了，把刚才的事情忘到九霄云外，开始玩起了拼图。

杰米森·韦伯斯特（Jamieson Webster）在她的文章中写道："残酷的现实是，我们每个人终将死去，没有人可以幸免。"她在这里引用了里尔克的《秋日》。这首诗讲的是秋天叶子飘落，天空中尘土飘落，我们每个人也会"飘落"[①]。诗的结尾是"但是总会有一个人，轻轻地将你托住"。

[①] 德语中fallen本义为下落，也有摔跤、牺牲、死亡的含义。

总结和呼吁

找到托住你的那只手

本书讲的是心身症状,即那些无法通过其他方式表达出来的情感和需求,变成了身体的症状表达出来。总是有很多人想要通过躯体医疗的手段去解决这些问题。但是那些手段是无法处理情感上的问题的。患者经常都会被困在陷阱里出不来,因为他们希望有人能托自己一把,但是却没有人看到他们的这个需求。

医疗器械是无法满足患者被托住的愿望的。

胎儿从在羊水里时,就迫切地需要与别人建立联系。这个需求会伴随人的一生,只不过被我们每天需要完成的琐事给麻痹和掩盖住了。因为我们总是忽略生活中真正重要的事,所以在碰到压力等问题的时候,我们总是幻想着可以通过修复身体去解决,希望做个手术或者用个药,一切就会好起来。

笛卡尔曾说,人体就是一部机器。因为如今机器变得越来越好,越来越快,所以人们认为,我们的心理和人体也是一样变得越来越好,越来越快了。现在患心身疾病的人越来越多(或者至少因为心身疾病而请病假和提前退休的人越来越多了)就说明,这种说法是不对的,人体和心理不可能像机器一样越来越快。现在的医学水平越来越高超，越来越精准，心身就成了最薄弱的一个环节，因为所有人性的、情感的问题还是会显现出来。

我呼吁，我们不要一味地追求效率，而忽略了人的本性。人的本性是，当其他人摔倒的时候，会去扶一把。这也意味着，当有其他人在下面托住我们的时候，要勇敢地往下倒。我们的心理无法像电脑一样加速和优化。我们在当今高速的生活中可能都已经丢失了一项我们与生俱来的技能：与人相处——与自己、与别人相处。

下次再碰到查不出原因的躯体症状时，碰到心理的困扰时，让我们坦然地接受它们吧！把它们当作生活的一部分，当作机体向我们传递的秘密信息。我们到底有什么不舒服呢？心理是不是向我发出了一些信号但是我没有听见？我忽略了自己的什么感受吗？什么东西可以给我安全感，让我有被托住的感觉？让我们一起去探索症状背后的心理世界，让我们允许自己出现不好的情绪吧。

让我们承认我们每个人都是矛盾的：善良和邪恶、健康和疾病、爱和憎恶，每个人都是两方面都有的。这就是人啊。你感觉是怎么样的，就是怎么样的，坦然地接受就好，没有必要去欺骗自己。

"那你这可能是心身的问题吧！"这句话正是揭示了医学的弱点，那些侧重躯体治疗的医生不知道该怎么办了，所以他们才这样说。但是你无须感到绝望。因为心身医学也是医学。当身体和心理失去了平衡，我们心身医生会帮你一起去寻找原因，制订治疗方案。

只要和医生之间建立良好的关系，相互信任，你就可以在他身上找到支撑。有了关系这味良药，心理的问题也就不需要通过躯体的症状表达出来了。祝愿大家都能找到托住自己的那只手，认识全新的自己！

你们的医学博士亚历山大·库格尔施塔特

致　谢

我要感谢我的妻子萨拉·库格尔施塔特博士,感谢她对我的爱和支持。我也要感谢我亲爱的孩子,感谢他们在我写作这本书的过程中表现出来的耐心和提供的好点子。没有你们三个,我不可能完成这本书的写作。我还非常感谢我的父母,他们一直关心着这本书的进展。

感谢劳拉·韦伯,以及她在柏林rauchzeichen-agentur的同事。是她提出让我写一本心身医学的书。你给了我很大的启发,也为这个项目投入了很多的精力,非常感谢!

非常感谢Mosaik出版社的项目经理约翰内斯·恩格尔克,感谢他对本书的兴趣以及为心身医学的科普做出的贡献。是你耐心的鼓励和指导我才有勇气和能力开始写作科普图书。我还要衷心感谢露特·维布施对本书进行细心的编辑,萨宾娜·夸卡为本书设计了封面,斯蒂芬妮·恩德雷斯帮助我一起整理了本书的主要内容。非常感谢Mosaik和Goldmann出版社的整个团队!

感谢我的领导、心理治疗导师米萨埃尔·鲁道夫博士的专业建议。书中的很多内容都是得益于您的帮助才能讲得清楚。感谢我的朋友埃格伯特·博特费尔特在无数个夜晚和我一起沉浸在心身医学的世界。我书中（几乎）所有的内容你都能倒背如流，我很感激有你这样的朋友。

  我还要感谢我的同事和朋友在内容上、语言上和精神上对本书的支持。亚尔·阿德勒，杨·德雷尔，斯文·海因里希斯，米萨埃尔·霍恩，玛丽娜·瓦扬·菲利普斯，罗恩·菲利普斯，塞巴斯蒂安·赖希，安德里亚·里德，安特耶·肖里策尔，阿里阿德涅·冯·席拉赫，塞巴斯蒂安·齐默尔曼，没有你们就没有这本书现在的样子。谢谢你们！

  我还要特别感谢我所有的患者，从你们身上我学到了很多。

2020年夏天